AF502071

GEORGES BAILLY-FORFILLIER

à Cheval de Dakar à Konakry

NOUVELLE ÉDITION

PARIS
IPRIMERIE PAUL LEMAIRE, 14, RUE SÉGUIER
1900

GEORGES BAILLY-FORFILLIER

à Cheval de Dakar à Konakry

NOUVELLE ÉDITION

PARIS
IMPRIMERIE PAUL LEMAIRE, 14, RUE SÉGUIER
1900

à Cheval de Dakar

à Konakry

GEORGES BAILLY-FORFILLIER

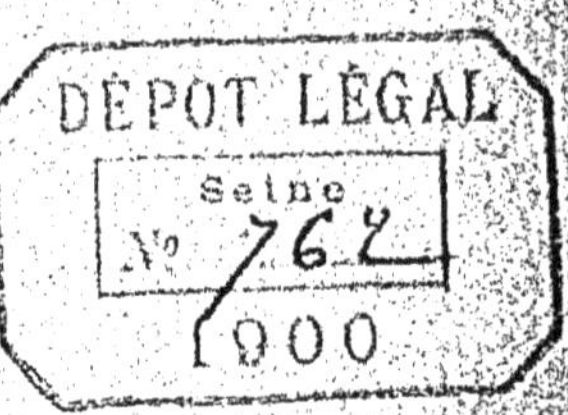

à Cheval de Dakar à Konakry

NOUVELLE ÉDITION

PARIS
IMPRIMERIE PAUL LEMAIRE, 14, RUE SÉGUIER

1900

★

Cette simple relation de voyage a été publiée par Georges Bailly-Forfillier, dès qu'il fut revenu d'une première exploration sur le continent africain.

Nous la rééditons aujourd'hui, pour rendre hommage à ce vaillant qui mourut l'année suivante, victime de son ardeur généreuse et de son dévouement.

Le 16 mai 1898, au cours d'un second voyage en Afrique, après avoir échappé à des dangers de toutes sortes et surmonté des difficultés sans nombre, il fut massacré, avec son compagnon Adrien Pauly et toute sa mission à Zolou, dans l'hinterland de la République de Libéria.

Puisse le nom de ce bon Français, dont le désir fut de servir sa Patrie à laquelle il consacra son ardeur, sa fortune et sa vie, ne point disparaître entièrement du souvenir de ceux qui l'ont connu.

★

INTRODUCTION

Attiré comme tant d'autres de mes compatriotes vers ces régions africaines que les missions et les explorations de ces dix dernières années ont ouvertes à la civilisation, je résolus l'année dernière d'aller visiter, en simple voyageur disposant de son temps et des ressources nécessaires, les territoires avoisinant le cours de la Falémé, situés entre cet affluent du Sénégal et la côte d'Afrique.

Ce n'était pas, à proprement parler, une exploration que je comptais entreprendre, par la raison bien simple que ces pays ont été pour la plupart parcourus avant moi; mais je pensais que néanmoins il était possible de glaner encore sur la route que je m'étais tracée, d'utiles renseignements au point de vue économique, industriel et commercial, sur les procédés dont il convient d'user avec les populations que je devais rencontrer pour faciliter les transactions et établir chez elles notre prépondérance commerciale qui est, en définitive, le but final de nos efforts en Afrique et des sacrifices que nous en a coûtés la conquête.

Je voulais enfin prendre contact avec ces populations, pratiquer une première expérience qui me permît de tenter plus tard sans tâtonnements, en économisant le maximum possible des difficultés inséparables de toute exploration, surtout en Afrique, un voyage plus complet, ayant sa part d'inédit, et sur un itinéraire où il reste encore bien des points à déterminer exactement.

Je pense pouvoir maintenant réaliser ce projet que je mettrai sans doute à exécution à la fin de cette année, dès que j'aurai terminé les études préliminaires que j'ai commencées aussitôt mon retour de Konakry.

Ici, je veux simplement classer les notes que j'ai prises au cours du raid que je viens d'accomplir et qui pourront, à l'occasion, servir d'indications à ceux qui, comme moi, auraient l'idée de sortir de la banalité ordinaire des excursions européennes et la curiosité de connaître ces mystérieux pays noirs d'où l'on emporte une impression inoubliable, sinon ce sentiment particulier d'attirance invincible qui vous fait dire, en vous embarquant pour le retour : je reviendrai !

Je manquerais à mon plus strict devoir en ne remerciant pas, sans plus tarder, M. l'Inspecteur général Chaudié, gouverneur général de l'Afrique occidentale française, de la bienveillance qu'il m'a témoignée et des facilités qu'il m'a données pour l'accomplissement de ma mission. Grâce aux instructions qu'il a bien voulu faire tenir aux autorités locales du Sénégal, du Soudan et à celles de la Guinée française, ma tâche a été considérablement allégée. L'accueil cordial que j'ai reçu partout témoigne assurément de la déférence qui s'attache aux recommandations du très distingué représentant de la France en Afrique, et je n'ai pas été du tout surpris des appréciations élogieuses que j'ai entendu formuler dans le vaste pays que j'ai parcouru, sur le compte de l'administration habile et libérale du Gouverneur général.

Je remplis également ce même devoir avec empressement vis-à-vis des Pères missionnaires du Saint-Esprit que j'ai rencontrés à Thiès et à Konakry, et qui m'ont marqué la plus vive sympathie. Le dévouement de ces hommes de bien à la cause coloniale française est trop connu pour qu'il soit besoin d'y insister autrement ici.

Mai 1897.

DE

Dakar à Amdallaye

Je suis parti de Dakar le 5 décembre 1896. Ma petite expédition était fort modestement composée de quatre personnes : M. du Gardier, l'un de mes excellents camarades possédant, comme moi, quelque goût des aventures, solide et gai compagnon de voyage sur qui je savais pouvoir compter pour me seconder ; un interprète, M. Ch. Maillat ; mon domestique particulier, un grand diable de Sénégalais dont les épaules et le torse m'avaient séduit, et moi.

J'avais résolu de me rendre, par la voie de terre, de Dakar au chef-lieu de la Guinée française en passant par le Baol, le Saloum, le Sine, le Rip, le Coungheul, le Niani, de quitter le Sénégal en franchissant la Gambie vers Mac Carthy pour entrer en Casamance jusqu'au Firdou et d'aborder le pays Conagui, puis le Fouta-Djallon en traversant le Ouara, le Yambering, le Koïn, le Collabé, le Tangali pour redescendre vers la mer jusqu'à Konakry. J'achetai des chevaux en conséquence, que je pourvus de mon mieux des harnachements que j'avais apportés de France.

Ces chevaux étaient de deux races différentes : deux d'entre eux, que nous avions baptisés des noms de Théréso et de Ruffisque, étaient de l'espèce dite « du Fleuve », très près du sang arabe, très aptes aux courses longues et fatigantes dans les plaines sablonneuses du Sénégal, mais incapables de résister aux étapes en pays montagneux. Les trois autres appartenaient à la race nommée N'Bayard. Très résistants, supportant admirablement la faim et la soif, ces petits chevaux peuvent, à la rigueur, porter de très lourdes charges, mais sont absolument impropres à toute allure vive. Entre autres particularités, les indigènes ne les ferrent pas; si bien que lorsque la corne est usée, le cheval se trouve dans l'impossibilité de marcher, après avoir peu à peu perdu de sa solidité et de sa sûreté de jambes. J'engageai de plus un palefrenier, un cuisinier, un boy pour du Gardier et vingt-cinq porteurs que je pus recruter encore assez aisément grâce aux indications qui me furent fournies obligeamment par plusieurs personnes avec lesquelles j'avais été mis en relations.

Pendant que j'engageais les porteurs, que je procédais aux derniers préparatifs, du Gardier se dirigeait avec les chevaux sur Thiès, le chef-lieu de canton de la province du N'Diander, où je le rejoignis, par le chemin de fer que j'avais pris à Dakar, avec les bagages et les porteurs.

Nous sommes en route. On a trop souvent décrit les centres du Cayor, où se trouve Thiès, pour qu'il soit utile d'y revenir ici. Ce que l'on peut dire cependant, c'est que cette localité est placée au centre d'un superbe pays, où l'on remarque notamment un baobab qui ne mesure pas moins de 33 mètres de circonférence. En débarquant à Thiès, nous sommes reçus par M. le lieutenant de spahis Potin. Je me trouve presque en pays de connaissance, car le lieutenant Potin est le camarade de promotion de plusieurs de mes amis ou de mes anciens officiers du 1er chasseurs, et s'était trouvé à Saumur sous les ordres du capitaine du Gardier. Le lieutenant Potin, dans une expédition contre les Maures, il y a quelques années, eut l'œil gauche crevé d'un coup de sabre et reçut une balle dans la tête, ce qui ne l'empêcha pas de mettre en fuite ses adversaires. Ce brillant fait d'armes lui valut, tout jeune encore, la croix de chevalier de la Légion d'honneur.

J'avais reçu du Père Didon et de Mgr Leroy des lettres de recommandation pour les Pères du Saint-Esprit. Je me présentai à la mission de Thiès où je fus très bien accueilli et où les Pères me firent visiter dans tous ses détails leur exploitation agricole dont la main-d'œuvre est fournie par les jeunes noirs, condamnés par les tribunaux de la colonie avant leur majorité. Un dernier coup d'œil à notre convoi, et nous poussons devant nous jusqu'à Goundiane d'abord, puis jusqu'à Fissel où nous rencontrons Abd-el-Kader, prince des provinces sérères qui nous accueille de la façon la plus cordiale. L'aimable hospitalité que nous offre ce prince n'est pas pour nous étonner, car nous sommes ici en plein pays où se fait sentir aujourd'hui, sans aucune restriction, l'influence de l'administration française. Je n'en devais pas moins mentionner en passant le souvenir agréable que j'ai emporté des quelques instants que j'ai passés auprès de ce prince, dont la province, me conte-t-il, ne jouissait pas, il y a cinq à six ans, d'une tranquillité analogue à celle qui y règne maintenant.

En 1891, je crois, les Sérères Diobas, qui occupent un territoire situé entre Thiès et Portudal, formaient encore une agglomération insoumise où tous les malfaiteurs des régions environnantes se réfugiaient. Un chef indigène du nom de Sanor qui était soumis à notre autorité, résolut de faire rentrer les Diobas dans le devoir, et pénétra sur leur territoire avec quatre cents guerriers. Reçu à coups de fusil, il perdit près du quart de sa troupe, tant tués que blessés, mais réussit à se maintenir dans le village de Rabak, situé à une douzaine de kilomètres de Thiès où l'on s'était déjà battu en 1863. Des renforts ayant été envoyés à Sanor de Dakar et de Thiès, les villages Diobas ne tardèrent pas à faire leur soumission les uns après les autres, et, depuis cette époque, la plus parfaite tranquillité n'a cessé de se maintenir dans toute la région.

Il n'est si bonne compagnie qui ne se quitte, et nous nous dirigeons de Fissel sur Fatick, puis sur Kaolack par la route qui suit la ligne télégraphique. La route, qui est fort belle et le fil que nous apercevons dans l'air, nous rappellent que nous sommes toujours en pays civilisé où rien de bien imprévu ne saurait nous surprendre. N'était l'appareil dans lequel nous voyageons, nos porteurs noirs avec leurs colis sur la tête, un peu la température, nous pourrions nous croire sur une de nos routes forestières de France. Mais la réalité nous reprend bien vite, car nous rencontrons à Fatick, comme à Kaolack, deux petits ports situés sur la rivière Saloum, des succursales de la maison Buhan et Tesseire, de Bordeaux, où nous sommes parfaitement reçus. Je répéterai, après tant d'autres, que les représentants des maisons françaises de l'intérieur appartiennent presque tous à ce que l'on a appelé la *classe signare*, c'est-à-dire, à la race de sang mêlé, croisement d'un blanc et d'une négresse. Très intelligents, les Signars ont des aptitudes spéciales pour les choses commerciales. Les femmes signares ont une réputation de beauté qui ne m'a pas frappé au même degré que les récits que j'en avait lus. Elles passent également pour être d'une fidélité exemplaire.

Je n'ai d'ailleurs pas aperçu de femme signare à Fatick ni à Kaolack. A Fatick, qui est un centre commerçant voisin du village de Félane, autrefois résidence du *bour* ou roi du Sine, je me suis borné à visiter avec intérêt les installations de MM. Buhan et Tesseire. J'ai fait pareillement à Kaolack, qui est situé sur le Saloum même, et qui constitue une agglomération de 3,000 à 4,000 habitants, presque tous musulmans, se livrant, pour la plupart, à la traite des arachides. D'après les renseignements qui m'ont été fournis par mes hôtes, les produits de cette culture peuvent s'élever annuellement à 2,500,000 ou 3 millions de kilogrammes que l'on charge sur des goélettes ou de grands cotres, en attendant que, le progrès aidant et le travail agricole s'accroissant, des navires à vapeur, même d'un assez fort tonnage, remontent jusqu'à Kaolack où ils pourraient venir en toute sécurité, ainsi que l'a fait l'an dernier un vapeur de la maison Buhan et Tesseire.

Rien ne nous retenait plus sur le Saloum et nous devions descendre dans le Rip à l'effet de prendre certaines dispositions nous permettant de passer librement en territoire anglais. Toutefois avant de quitter ses Etats nous allons saluer à Diegnel, Semou, roi du Saloum. Le seul souvenir que j'en aie conservé c'est que je saluais en lui un grand ami de la dive bouteille. Puis, par un crochet dans le sud-ouest, nous gagnons bientôt Nioro où est installé un poste militaire français qui était commandé, au moment de notre arrivée, par M. le lieutenant d'infanterie de marine Bouchez. Cet officier nous case dans l'antique *tata* des rois du Rip, devenu aujourd'hui le cantonnement régulier d'une compagnie de tirailleurs. Par une coïncidence sur laquelle je ne pouvais guère compter, ce poste a été commandé, en 1895, par l'un de mes cousins, le lieutenant Gabriel des Etangs.

Nioro, comme on le sait, résista longtemps et souvent aux colonnes françaises. Plusieurs fois détruit, ce village a toujours été reconstruit. Les derniers événements qui s'y déroulèrent remontent au mois d'avril 1887. A cette époque, le lieutenant-colonel Coronnat, aujourd'hui général de brigade d'infanterie de marine, défit à Goumbof le marabout Saër Maty qui avait réussi à soulever le Rip, comme l'avaient fait avant lui Maba et Ahmadou-Seïkou. La conséquence de ce succès fut le traité du 14 mai 1887 qui plaçait le Rip sous notre domination directe. Depuis lors la région n'a plus été troublée.

J'ai eu le loisir, pendant les deux jours que j'ai passés à Nioro, de recueillir ces détails, connus assurément, mais qu'il m'a paru cependant intéressant de noter. Parfaitement reposé, je quitte la capitale du Rip, me dirigeant vers l'est pour gagner en territoire français le Niani, jusqu'à hauteur de Mac-Carthy, pendant que du Gardier file dans le sud-ouest sur Sainte-Marie-de-Bathurst, où je le charge d'aller saluer le gouverneur anglais, lui remettre les lettres de créance que M. le gouverneur général Chaudié avait bien voulu nous confier, et lui demander le libre passage de notre petite colonne à Mac-Carthy. Ces différentes formalités ayant été accomplies sans incidents, mon compagnon n'eut plus qu'à s'embarquer sur un confortable petit vapeur, le *Mansa-Kila*, qui fait un service hebdomadaire entre Bathurst et Mac-Carthy, où nous nous retrouvâmes le 23 décembre, après avoir, toutefois, éprouvé quelques difficultés, lors de l'entrée de notre convoi sur le territoire anglais, au petit village de N'Bayèle. Je ne suis pas, je le confesse, d'une patience évangélique et j'eus grande envie de le prouver au chef de ce village qui me refusait simplement le passage, me menaçant même de faire tirer sur nous si nous persistions à passer outre. Je me souvins à propos de « l'entente cordiale » dont on parlait déjà avant mon départ, et qui paraît avoir fait de notables progrès pendant mon absence, et je me fis très conciliant. Mais je dus constater que notre Anglais de N'Bayèle n'avait vraiment qu'une idée plutôt vague des louables efforts que ses maîtres de la métropole déployaient pour nous convaincre de la parfaite bonne volonté de l'Angleterre de voir aplanir une bonne fois toutes les difficultés qu'elle nous suscite, toutes les méfiances qu'elle nous inspire... Si bien qu'après avoir jeté un coup d'œil à mon armement composé en tout et pour tout de deux fusils de chasse et de deux revolvers, je me bornai, au lieu d'entrer dans le village si jalousement interdit, à le contourner tout simplement et à continuer ma route... sur territoire anglais. Inutile d'ajouter que personne ne sortit du village pour nous faire rebrousser hemin.

D'ailleurs, tous les jours ne sont pas marqués, même en Afrique, d'une pierre blanche, et, la veille, avait été pour moi précisément l'un de ces jours heureux. Nous étions arrivés au dernier village français de Niani, frontière de la Gambie britannique, d'assez bonne heure. Je n'avais pas voulu aller coucher en pays anglais, et je m'étais jeté sur mon lit en attendant l'heure du souper. Tout à coup, pan! pan! deux coups de fusil, tirés tout près de moi, me sortaient de ce demi-sommeil que connaissent bien tous ceux qui ont chevauché pendant de longues heures dans la brousse africaine, sous un soleil bourré de combustible. Je sors de ma case, au sommet de laquelle j'aperçois les trois couleurs. C'était le chef de ce pauvre village, N'Bayèle, possédant un drapeau et juste deux fusils, qui avait eu la délicate attention de l'arborer et de le faire saluer de deux coups de feu, en mon honneur, me dit-il.

Je fus touché plus que je ne saurais le dire de cette démonstration bien inattendue dans ce village perdu, et j'ai vivement serré la main de ce brave homme qui n'a pas beaucoup de poudre à perdre cependant, car elle coûte très cher et il n'est guère riche. Cette petite parade, là, dans ce cadre si misérable, m'a néanmoins fort impressionné, en ce que, par un enchaînement d'idées qu'on s'expliquera sans doute, elle m'a rappelé en même temps que la patrie française si chère à évoquer lorsqu'on en est éloigné, la présentation au drapeau du 1er chasseurs, où je servais tout récemment encore, alors que tout le régiment à cheval est formé en carré, présente le sabre, et que les trompettes sonnent à l'étendard.

Ma petite profession de foi chauvine sincèrement faite, je reviens à ma narration.

L'île anglaise de Mac-Carthy, que les indigènes désignent sous le nom de « Yan-Yan-M'Bouré », est située, comme on le sait, au milieu du fleuve Gambie. En partant de Bathurst, et remontant le fleuve, elle se trouve à environ 200 milles de l'embouchure. C'est le trajet qu'effectue, chaque semaine, le joli petit bâtiment pris par du Gardier pour me rejoindre, et dont je parlais tout à l'heure. La superficie de l'île est à peu près de 53 kilomètres carrés. Je ne pense pas que sa population dépasse 15 à 1,600 habitants, ce qui n'est pas beaucoup si l'on considère son étendue. Cette population est répartie dans deux centres : George-Town, le chef-lieu qui compte 12 à 1,300 individus, et Boraba où habitent 3 à 400 Mandingues. A George-Town, j'ai remarqué des mulâtres anglais, des Ouolofs, des Malinkés, des Akous de Sierra-Leone, quelques Toucouleurs. Je n'ai aperçu aucun Européen.

L'agglomération ne comprend guère que quelques constructions peu nombreuses : deux ou trois factoreries, l'église protestante, quelques magasins, l'hôtel du gouverneur.

Il ne paraît y avoir aucune industrie à Mac-Carthy ; quelques ouvriers indigènes sont seuls attachés aux maisons de commerce. En revanche, l'activité commerciale y est très développée et donne naissance à des transactions qui m'ont paru fort étendues. Une particularité qui vaut la peine d'être retenue, c'est que la plus grande partie du commerce de l'île est dans des mains françaises : le fait est assez rare en pays étranger et mérite qu'on le souligne d'une mention spéciale. La factorerie française se distingue d'ailleurs de ses concurrentes britanniques par des installations mieux comprises et beaucoup plus confortables. C'est la Compagnie française de la côte occidentale d'Afrique qui a conquis là une place prépondérante. Elle a à peu près monopolisé les échanges de produits du pays contre des étoffes, de la poudre, de la verroterie, du sel, du tabac, etc., etc. ; ces produits sont exportés en Europe, principalement les arachides, les peaux, le caoutchouc, la cire et un peu d'ivoire.

Je suis très heureux de constater le succès de nos compatriotes dans cette partie de la côte d'Afrique ; mais après avoir équitablement rempli ce devoir patriotique, mon impartialité m'obligera tout à l'heure à reprocher à la Compagnie française quelque négligence à notre égard, négligence dont je ne lui ai nullement gardé rancune d'ailleurs puisqu'elle m'a conduit à entreprendre une excursion qui n'était pas comprise dans mon itinéraire. Cet itinéraire portait : de Mac-Carthy à Amdallaye. C'est par une marche de nuit que nous avons gagné la capitale du Firdou, et c'est au chant de nombreux noëls que nous sommes arrivés, le 25 décembre au matin, au poste français commandé par le lieutenant d'infanterie de marine Marchand.

La veille, j'avais remarqué chez mes porteurs certains indices qui ne présageaient pas beaucoup de bon vouloir. Je commençais à me persuader que ces gaillards que j'avais engagés à Dakar pour former un noyau solide et discipliné, n'aiment décidément pas les besognes régulières et que l'esprit de suite leur fait complètement défaut. Cela peut paraître singulier, mais ils sont trop civilisés maintenant... Ne sont-ils pas électeurs? Sans doute, car ils ne trouvent jamais qu'on leur parle avec assez de déférence. A défaut de la considération qu'ils recherchent plus que le travail, je leur ai énergiquement démontré qu'ils avaient un engagement à remplir et que je saurais les obliger à n'y pas manquer. D'ailleurs, la brousse est le meilleur de tous les préservatifs contre ces sortes de défections des porteurs recrutés au Sénégal. Ils savent très bien que les populations de l'intérieur détestent en eux l'habitant des villes, l'étranger et le musulman, et ils ne murmurent que dans les centres où ils ont chance de trouver à s'employer, surtout dans les ports, comme déchargeurs ou même à bord des petits voiliers.

J'ai tenu à noter cet incident, car il confirme ce fait qu'il est très difficile d'éviter les anicroches suscitées par les porteurs qui comptent toujours sur l'embarras des voyageurs pour doubler leurs exigences. Avec un peu de fermeté, on arrive encore à leur prouver que leur indispensabilité n'est pas aussi certaine qu'ils le croient.

J'avais laissé à Dakar une partie des bagages et prié la Compagnie française de me les faire parvenir par la voie de mer où ils devaient remonter le fleuve Casamance par Zighinchor et Sedhiou. Ces bagages ont mis quarante-cinq jours à faire le trajet. De là le léger reproche dont je parlais tout à l'heure et que me semblait avoir mérité la Compagnie française; je n'étais pas limité par le temps, mais ce retard pouvait gêner les dispositions que j'avais prises, les modifier même, et je n'y tenais guère. Il n'en fut rien heureusement. J'en fus quitte pour aller au-devant de mes bagages jusqu'aux bords de la Casamance.

Le 26 décembre, en effet, après avoir emprunté des chevaux à Moussa-Molo, roi du Firdou, je me mettais en route dans la direction de Sedhiou, accompagné de mon boy, M. du Gardier, un peu souffrant, restant à Amdallaye, avec les porteurs sénégalais. La distance qui sépare Amdallaye de Sedhiou est de 92 kilomètres. J'ai franchi cette distance en vingt heures, en traversant, de nuit, la forêt de Pakao, et en suivant la ligne télégraphique. J'ai remarqué que la piste qui longe cette ligne télégraphique, fort bien entretenue sur les Etats de Moussa-Molo, devenait absolument impraticable dès qu'elle entrait sur les Etats mandingues. A ce point même qu'à quelques kilomètres de Sedhiou, j'ai failli me noyer dans un marigot n'ayant pas plus d'un mètre de profondeur, aucun passage n'y étant indiqué.

Cet accident quelque peu désagréable ne m'a point empêché d'arriver, en assez bon état, à Sedhiou où j'ai reçu de M. Gateau, agent de la Compagnie française de l'Afrique occidentale, la plus cordiale hospitalité, et de M. l'administrateur Adam, commandant le cercle de Sedhiou, le meilleur accueil.

Située dans la haute Casamance, à 165 kilomètres de la mer, Sedhiou constitue une véritable petite ville européenne, avec constructions en briques, magasins, etc. Je dirai tout à l'heure un mot de son commerce. Elle fournit beaucoup de pirogues à Dakar, à Gorée, à Rufisque et à Saint-Louis. Son état de civilisation avancée lui a fait donner, par les indigènes, le nom de Francis Kounda (demeure des Français).

Les intérêts commerciaux français étaient autrefois assez largement représentés en Casamance par l'ancienne Société Flers Exportation et par la Société de la Casamance qui ne paraissent pas avoir réussi et qui ont finalement disparu. La Compagnie française de l'Afrique occidentale est seule restée et s'est établie à Zighinchor. Le commerce de Sedhiou et de Zighinchor comprend surtout la traite des arachides et du caoutchouc. Le pays ne produit que fort peu de chose; les marchandises viennent de l'intérieur du Soudan où elles prennent le chemin, tantôt de la Gambie anglaise, tantôt de la Guinée portugaise sans qu'on sache bien la raison de ces irrégularités dans la direction des caravanes. En résumé, le commerce dans la Casamance, comme aussi sur tous les points de la côte jusqu'à Sierra-Leone n'est pas bien considérable. Les navires relâchent plus volontiers à Sainte-Marie-de-Bathurst ou à Rio-Nunez, laissant ainsi, peu fréquentée, l'enclave de la Casamance. Il n'est pas à prévoir, d'ici longtemps, un développement quelconque du commerce dans cette partie de nos possessions africaines; les productions naturelles y étant fort restreintes, je ne pense pas qu'on réussisse à y attirer les caravanes. D'ailleurs, m'a-t-on affirmé à Sedhiou, les tarifs douaniers sont tels, que les indigènes préféreront marcher quinze jours ou un mois pour aller vendre une tête de bétail par exemple, qu'on leur achètera un bon prix au Sénégal, pour, à leur retour, acquérir en Gambie les marchandises dont ils ont besoin.

J'ai rencontré à Sedhiou le lieutenant Falcon, commandant le poste portugais de Farim, confinant à notre possession, avec qui j'ai entretenu d'excellentes relations. Je ne prévoyais pas à ce moment, qu'à peine rentré en France je devais apprendre que cet officier avait failli succomber dans une rencontre avec les indigènes, rencontre qui a suivi de près mon départ pour le Fouta-Djallon. Voici ce que mes amis de Sedhiou m'ont écrit à ce sujet :

« La colonne portugaise, commandée par le lieutenant Falcon, et formée par lui à Farim, a subi deux échecs successifs contre les indigènes. Dans la première affaire, les Portugais ont perdu deux canons; dans la seconde, les choses ont été plus graves : la colonne a eu deux officiers, quatre sergents et une vingtaine de soldats tués; quatre canons sont restés aux mains des indigènes et le commandant Falcon a été sérieusement blessé.

« Le contingent d'auxiliaires fourni par les Mandingues a lâché pied à la première décharge, et c'est à cette défection que les Portugais attribuent la véritable défaite qu'ils ont subie dans cette circonstance.

« Mais, ce qui n'est pas sans intérêt pour nous, les révoltés qu'il s'agissait de châtier et qui se sont si bien défendus, ont déclaré être résolus à ne déposer les armes que si l'assurance formelle leur était donnée que certaines améliorations réclamées par eux depuis longtemps, seraient apportées à leur situation. Dans le cas, ont ils ajouté, où le Portugal voudrait reprendre l'offensive, 20,000 indigènes étaient prêts à franchir la frontière et à venir s'établir en Casamance sous la domination française. »

Mes correspondants ajoutent enfin que les principaux notables ont déjà fait à M. Adam, le distingué administrateur de la Casamance, des ouvertures en ce sens.

Cet incident, qui forme un peu une digression dans mon récit, m'a cependant paru intéressant à noter, car il pourrait être, dans l'avenir, le point de départ d'un remaniement des diverses influences qui s'exercent en Casamance.

Mes bagages n'arrivaient toujours pas. J'avais rencontré à Sedhiou deux compatriotes établis là depuis longtemps, MM. Laglaize et Roy, qui font le commerce des oiseaux et des plumes. J'ai emporté cette impression que le commerce en question est fort lucratif, car la région pullule en oiseaux de toutes tailles et de plumages variés à l'infini. Excellents compagnons, entraînés aux fatigues des rudes excursions sous le soleil comme dans le bois, MM. Laglaize et Roy m'ont associé à quelques-unes de leurs chasses où j'ai eu le plaisir d'abattre de nombreuses pièces de gibier: pigeons verts, pintades, perdreaux, tourterelles, poules de Barbarie, etc. Je les remercie ici du très vif plaisir qu'ils mont procuré.

Enfin, fatigué de ne pas voir mes bagages arriver, je me décide à pousser jusqu'à Zinghinchor où je suis descendu en baleinière. Après avoir admiré l'imposant point de vue des bords de la rivière Casamance, et aperçu, quelle joie, mes récalcitrants colis, je remonte à Sedhiou, puis à Amdallaye suivi de douze balantes que j'avais engagés comme porteurs en vue de renforcer mon équipe primitive que je jugeais insuffisante pour entreprendre la traversée du Fouta-Djallon.

A mon retour à Amdallaye, je retrouve du Gardier qui était devenu, pendant mon absence, l'ami intime de Moussa-Molo, roi du Firdou. Le royaume de

Moussa, qui s'étend entre la rive droite de la haute Casamance et la Gambie, a été placé sous notre protectorat en 1883, en vertu d'un traité conclu entre le roi et MM. Lenoir, lieutenant d'infanterie de marine et le commandant du cercle de Sedhiou. Moussa, fils de Molo, m'a paru très intelligent et plein d'énergie. Jadis, grand coureur d'aventures et compagnon de guerre du légendaire capitaine Baurès, il ne semble pas trop affecté de son effacement actuel. Je ne jurerais pas qu'il n'éprouve point parfois quelque mélancolie à la vue du poste français établi à quelques centaines de mètres de son sagné, mais il n'en laisse rien paraître. Le sagné ou palais de Moussa est d'ailleurs une belle maison construite à l'européenne, entourée de nombreuses cases où habitent ses femmes, et fortifiée — dernière fiction d'une puissance évanouie — par deux enceintes de pieux d'une hauteur de 7 à 8 mètres. Le roi du Firdou n'a jamais, depuis 1883, contrevenu au traité qu'il a passé avec nous, et il s'est toujours tenu, en apparence tout au moins, à l'écart des mouvements insurrectionnels qui se sont produits en Casamance, notamment il y a deux ans. Mais je ne serais pas éloigné de croire qu'il dépense cependant l'activité dont il est doué à intriguer un peu avec les Anglais de la Gambie, et même à rançonner plus ou moins discrètement les pauvres voyageurs qui s'égarent sur ses domaines, si protégés soient-ils par nous. Ces appréciations, où la confiance ne domine pas, sont de tous points partagées par du Gardier qui a eu, pendant vingt jours, le loisir de l'étudier à fond.

Du Gardier et le lieutenant Marchand me racontent également que pendant ma fugue en Casamance, une panthère a enlevé, dix nuits de suite, un mouton au troupeau du poste. Malgré leur vif désir de s'emparer du fauve et de mettre fin à ses déprédations, malgré de longues heures passées la nuit à l'affût, ils n'ont pas eu le coup de fusil heureux. J'ai éprouvé, j'en conviens, quelque regret de ne pas m'être trouvé là; au risque de me faire taxer de présomption, j'aurais été heureux de contribuer à rendre aux moutons du poste d'Amdallaye la sécurité qu'ils avaient perdue.

C'est ici que se termine la première partie de notre voyage. Elle nous a demandé exactement quarante et un jours de route qui se réduisent, en réalité, à vingt et un jours, puisque nous avons dû séjourner vingt jours à Amdallaye dans l'attente de nos bagages. Nous avons généralement bien supporté les premières fatigues inhérentes aux voyages du genre de celui que nous venons de commencer. Du Gardier a bien eu deux accès de fièvre; moi-même je n'ai pas échappé à un petit mouvement fébrile, mais au contraire de mon compagnon dont l'appétit a perdu de sa solidité, j'ai conservé une énergie stomacale qui est, je pense, de bon augure pour l'avenir. Somme toute, les privations les plus sensibles, au point de vue de la nourriture dans la brousse, sont celles du pain et du vin. Encore se passerait-on assez aisément de vin si l'eau était potable; elle est malheureusement à peu près imbuvable partout et il faut la filtrer ou la faire bouillir pour pouvoir l'avaler sans trop de danger en la débarrassant des milliards de microbes — et quels microbes — dont elle est saturée.

DE

Amdallaye à Timbo

Le 15 janvier 1897, nous quittions la capitale du Firdou avec Timbo, chef-lieu du Fouta-Djallon pour objectif. La distance qui sépare Amdallaye de Timbo, par l'itinéraire que je m'étais tracé, n'est pas moindre de 700 kilomètres. Les conditions dans lesquelles nous allions effectuer ce long trajet étaient toutes différentes de celles que nous avions rencontrées jusqu'ici. Dans les régions que nous allions parcourir, nous ne devions plus trouver ni Européens, ni postes établis, et nous ne pouvions plus guère compter que sur nous-mêmes. Notre ami Moussa-Molo voulut bien nous fournir un guide pour nous faciliter la traversée de ses Etats; il nous procura également quelques porteurs.

La colonne se mit en marche à sept heures du matin avec du Gardier et l'interprète Maillat, me précédant d'une journée, car je ne devais la rejoindre que le lendemain à Koropo. Le convoi suit la ligne télégraphique nouvelle qui contourne la Gambie anglaise et qui met Saint-Louis en communication avec la Gambie supérieure et la Casamance. Il arrive sans encombre vers onze heures du matin à Sarabodié non sans avoir été toutefois retardé par quelques parties rocailleuses de la piste qui ralentissent l'allure des porteurs. Ce que l'on voit de plus remarquable dans ce village d'environ 300 habitants, c'est indubitablement son chef, un vieux noir à l'aspect jovial que ses administrés ne se rappellent jamais avoir vu à jeun. Ce jour-là il était tellement gris, que ce n'est qu'à grand'peine qu'on put en obtenir le riz et le fourrage nécessaires à nos porteurs et à nos chevaux. Du Gardier lève le camp le lendemain à cinq heures du matin et quitte la ligne télégraphique sur le conseil du guide prétendant connaître une route plus directe aboutissant à Koropo. Le convoi arrive à Dinga qu'il traverse et se trouve après cinq heures de marche devant un assez fort marigot dans lequel du Gardier s'engage à la suite du guide si plein d'assurance. Mais à peine avait-il avancé de 20 mètres qu'il était contraint de se jeter à bas de son cheval, embourbé jusqu'au poitrail. Avec beaucoup de difficultés, il parvient enfin à dégager son cheval, et il passe le marigot dans l'eau jusqu'à mi-corps, de même que les porteurs qui ne franchissent pas eux-mêmes sans peine ce mauvais passage. Un quart d'heure après, la colonne atteignait le village de Paquidi où le guide, assez embarrassé, finit par avouer qu'il s'était trompé de route et qu'il restait encore près de 20 kilomètres à parcourir pour atteindre Koropo.

Hommes et bêtes suffisamment reposés, la route est reprise, mais non sans un incident dû, comme toujours, aux porteurs qui ne négligent — je ne saurais trop le répéter — aucune occasion de rompre leurs engagements par une opportune désertion. Au moment de partir, on s'aperçut que plusieurs des porteurs réquisitionnés au village précédent avaient filé sans bruit, bien que leurs services eussent été payés à l'avance, à Moussa-Molo. Si bien que trois ou quatre de nos caisses restaient en panne, faute de porteurs. Du Gardier prescrit au guide d'engager de nouveaux hommes dans le village. Tout déconfit, il revient annoncer que l'élément mâle *paquidien* a disparu, manifestant ainsi le dédain profond qu'il éprouve pour les caisses — fussent-elles de Potin, comme les nôtres, — lorsqu'il s'agit de les camper sur leur tête. Le chef de Paquidi, humilié de cette attitude de ses subordonnés, mais incapable sans doute de leur en imposer une autre, s'offre vaillamment à porter une caisse. Nos porteurs, quelque peu surpris de cette preuve de bonne volonté, entrèrent positivement en fureur lorsqu'ils virent la fille du même chef, une ravissante petite Peulh de 14 à 15 ans, se mettre, elle aussi, à notre disposition pour prendre une charge. Du coup, notre cuisinier, « un galant spahi, » et le boy de du Gardier apercevant quelques-uns de ces fainéants de paquidiens qui n'avaient pas encore eu le temps de déguerpir et qui se disposaient à filer à l'anglaise, les empoignent délicatement et leur assujettissent sur la tête une bonne petite caisse ; l'on file cette fois sans désemparer sur Koropo, où je vais recevoir la colonne à quelques centaines de mètres du village, car j'avais mis moins de temps qu'elle à l'atteindre.

A Koropo, j'avais trouvé la sœur de Moussa-Molo qui ne paraissait pas avoir les mêmes idées que son frère en matière d'hospitalité; elle s'était même montrée assez récalcitrante à mon arrivée le matin; mais à la vue du guide que le roi du Firdou avait donné à du Gardier, les choses changèrent, et le soir de ce jour si mouvementé, elle nous faisait l'honneur d'un magnifique tam-tam.

Nous n'en prîmes pas moins nos dispositions pour quitter, dès le lendemain matin, 22 janvier, à la première heure, cette capricieuse personne. Nous suivons la ligne télégraphique qui nous conduit jusqu'à Coumbaly; je prends vivement un cliché du marigot que nous traversons sans encombre, et nous atteignons Mansaracounda à midi. Ce village, qui est assez important, — il compte de 350 à 400 habitants — est en fête : on y procède à une cérémonie qui donne lieu à des libations sans nombre et à d'interminables tam-tams bien peu favorables au sommeil dont les coureurs de brousse comme nous ont cependant besoin. Dès cinq heures le lendemain matin nous étions en route; nous traversons successivement les villages de Saradienté, de

Néto, de Laëlliti, de Kérévane. C'est à Kérévane que nous abandonnons définitivement la ligne télégraphique, et c'est à travers la brousse que nous passons par les villages de Djimini, Tabadienké, Souriel pour aboutir à Foulamori ou Foulacounda, où nous rencontrons le roi Saïjdou. Ce brave monarque nous accueille avec bienveillance; de concert avec le chef du village chez qui il villégiaturait, il nous fournit tout ce qui nous est nécessaire; et le tam-tam a fait rage en mon honneur.

Nous quittons néanmoins cette aimable société de très bonne heure le 24 janvier, nous dirigeant sur Moundou où je suis décidé à séjourner pour laisser reposer la colonne, et surtout du Gardier qui n'est décidément pas très bien portant. Nous traversons successivement un torrent et un petit marécage pour atteindre par un chemin accidenté et joliment boisé Mountioupane, que nous quittons par un sentier assez praticable coupant une vaste plaine qui nous conduit au marigot de Goundou que nous franchissons facilement pour entrer enfin dans Moundou.

Nous passons la nuit, puis la journée du 25 dans ce village qui ne présente aucune particularité digne de remarque, et nous levons le camp le 26, à six heures du matin, au jour, car dans l'obscurité il ne me paraissait pas prudent de nous aventurer dans la région que nous abordions, et qui devenait de moins en moins fréquentée. Au sortir du village, nous suivons un très joli sentier, presque bien entretenu, au point même qu'une voiture y passerait sans aucune peine. La satisfaction que nous y goûtons est malheureusement de courte durée; à la fin du troisième kilomètre, en effet, nous retrouvions la brousse, sans aucune trace de passage humain. Notre guide lui-même a de la peine à s'y retrouver. La conformation du terrain devient de plus en plus accidentée; les marigots plus nombreux sont entourés d'une étendue de terrain frais, et par suite couverte d'une puissante végétation; les coteaux sont tellement abrupts que nous sommes contraints de descendre de cheval à plusieurs reprises.

Nous étions entrés dans une région abondamment giboyeuse où se remarquaient de nombreuses traces de *poil* et de *plume*. Mes compagnons m'ayant signalé une superbe compagnie de pintades, je m'écartai pour aller à sa recherche. Je pus l'approcher suffisamment et tirer dans le tas. Deux pintades restèrent sur le coup; une troisième, blessée, finit par tomber à une certaine distance de l'endroit où j'avais tiré. Je poussai mon cheval de l'avant dans la direction où l'oiseau s'était abattu, quand tout à coup ma bête fit un bond furieux... Elle paraissait en proie à une vive terreur que je ne parvenais pas à m'expliquer, et je voulus nécessairement la ramener dans la direction, quand, aussitôt, je compris : une magnifique panthère était là, devant moi, à 5 mètres. Les rencontres de cette nature, les premières surtout, ne vont pas sans quelque émotion, et cependant, tout compte fait, le regret l'emporta sur la surprise, le regret de savoir mon fusil chargé seulement de petit plomb. Je ne pouvais avoir la prétention de tuer le fauve avec la charge que je destinais aux frêles pintades : je demeurai donc immobile, toisant la bête qui après m'avoir montré sa très belle mâchoire, me tourna le dos et s'éloigna majestueusement, balançant sa puissante queue, dans un mouvement de tranquille sécurité.

Quelques heures plus tard nous faisions halte sur les bords d'un cours d'eau appelé le Tioucouleur, bien que la nuance de ses eaux m'ait paru parfaitement uniforme. Je n'avais pas encore rencontré de point de vue aussi joli, aussi pittoresque, aussi engageant pour s'y reposer. Je fis établir là le campement et préparer le déjeuner qui me semblait devoir être délicieux à l'ombre des immenses palmiers et des gigantesques caïl-cédrats qui nous entouraient. Je ne me trompais pas : j'ai conservé le meilleur souvenir de ce déjeuner sur l'herbe africaine que nous complétâmes par une promenade aux environs, munis de nos fusils, car les traces de gibier se voyaient partout nombreuses. A quelque distance de notre campement, nous découvrîmes une vaste prairie verdoyante dont nous prîmes plaisir à fouler, en tous sens, le tapis épais d'herbe et de fleurettes tropicales; un plantureux pâturage dans lequel on était un peu surpris de ne pas rencontrer, pour rendre parfaite l'illusion, un troupeau de beau bétail, broutant paresseusement le savoureux fourrage qui s'étale là à perte de vue.

Il ne nous faut pas moins quitter les bords riants du Tioucouleur, pour continuer dès le lendemain matin, à la première heure, notre route, orientée sur la rivière Grey que j'estime devoir ne plus être loin de nous. Nous franchissons donc la rivière, et nous rencontrons presque aussitôt une colline dont nous devons faire l'ascension très rapide, où le roc abonde, ce qui indique que la constitution géologique du sol que nous traversons se tranforme peu à peu, au fur et à mesure que nous avançons vers l'est. L'aspect général de cette région, jusqu'à la rivière Grey reste le même que celui du pays que nous venons de parcourir pendant les trois ou quatre jours précédents; les collines plus ou moins élevées, les vallées et les marigots se succèdent sans interruption, donnant asile à d'innombrables animaux qui y trouvent une abondante nourriture et de l'eau à profusion. Nous apercevons en cheminant un troupeau d'antilopes que j'estime n'être pas inférieur à 500 têtes, des biches, quelques spécimens de la race bovine, des vaches, il m'a semblé. Nous marchons sous bois, sans trop de difficultés, pour déboucher sur une plaine assez étendue, où paissent tranquillement de véritables troupeaux de biches que nous chargeons à fond de train. Ces gracieux animaux, troublés dans leur quiétude, et fort étonnés d'une agression à laquelle la rareté des voyageurs passant dans leurs tranquilles retraites ne les a pas habitués, détalent avec rapidité : nous leur tirons bien quelques balles de revolvers, mais sans les atteindre.

Vers une heure et demie de l'après-midi nous atteignons les bords de la rivière Grey, qui porte également le nom indigène de Koulontou.

Le docteur André Rançon, aujourd'hui médecin principal des colonies, qui, au cours d'une mission scientifique en 1891-1892, dans la haute Gambie eut à passer le Koulontou, raconte, dans la relation qu'il a publiée en 1894, l'appareil qu'il lui fallut déployer pour traverser la rivière avec tout son monde. Ses noirs durent construire le fameux radeau fabriqué avec des tiges de palmier, dont j'avais entendu parler à maintes reprises, et qui constitue, en effet, une véritable embarcation permettant de franchir les marigots étendus et même les rivières. Nous eûmes la chance de n'avoir pas besoin de recourir à cet expédient quelque peu compliqué, malgré la grande habitude qu'ont les indigènes de ces sortes de constructions primitives. Nous pûmes traverser, sans grandes difficultés, la rivière à gué; nos porteurs avaient, à certains endroits, de l'eau jusqu'au menton, et les chevaux furent obligés de passer en nageant.

L'endroit où je fis établir le campement se trouvait situé à 50 kilomètres environ du point où se jette la rivière Grey dans la Gambie, dont elle est l'un des principaux affluents. C'est un cours d'eau magnifique dont le régime ne diffère pas des grandes voies fluviales du Sénégal et du Soudan. Comme celles-ci, pendant l'hivernage, la largeur de la rivière Grey n'est pas inférieure à 400 mètres; pendant la saison sèche, cette largeur se réduit à une cinquantaine de mètres. Elle comporte dans la partie de son cours que j'ai suivie, un certain nombre de sauts ou bancs de roche; ses rives sont couvertes d'une superbe végétation où l'on rencontre de très beaux arbres, ce qui contribue à donner à cette rivière l'aspect le plus riant et le plus agréable.

Après avoir payé au site pittoresque que nous avions devant les yeux, le tribut d'admiration qui lui était dû, on se mit en devoir de construire les gourbis que nos hommes élevèrent assez rapidement après avoir cueilli une ample moisson de feuilles de palmier, qui sont les matériaux peu dispendieux de ces éphémères maisons. Le déjeuner nous réclamait presque aussitôt, ou pour mieux dire, nos estomacs réclamaient le déjeuner auquel chacun fit honneur; puis une courte sieste nous remettait en état tout à fait, et nous permettait même d'aller, chacun à sa guise, à la recherche d'un gibier quelconque que l'on est toujours certain de rencontrer dans ces régions qui feraient la joie des Nemrods les plus malchanceux et les plus obstinément bredouilles.

Le soir, nous avions au tableau trois antilopes, trois beaux échantillons de ce gracieux mammifère que le Jardin d'Acclimatation d'Anvers — lisais-je dernièrement dans une revue — ne vend pas moins de 240 francs l'un aux amateurs; notre chasse représentait donc ce qu'en termes cynégétiques on appelle trois jolis coups de fusil.

Mais voici un noir qui ne fait pas partie de mes gens,

et qu'on m'amène sous le titre pompeux de parlementaire... C'est, en effet, un messager qui m'est envoyé de Damentan pour s'informer de nos dispositions, amicales ou hostiles, car, me dit-il, le chef a entendu dire que des blancs s'avançaient vers ses domaines. Je me demande par qui ce chef a bien pu être averti de notre arrivée, puisque nous n'avons rencontré personne en route ; et je fais, en outre, cette réflexion que le parlementaire risquait gros s'il était tombé entre les mains d'ennemis qui se fussent empressés de le conserver comme otage. Je m'empressai, d'ailleurs, de rassurer le courrier du chef de Damentan en lui faisant part de nos intentions tout à fait pacifiques, et j'appuyai ma démonstration de quelques poignées de kolas, en vue de cimenter nos futures relations.

L'homme disparut aussitôt; la nuit se passa sans aucun incident, mais non sans un concert à peu près ininterrompu de cris, de plaintes d'animaux de toute nature dont plusieurs, et parmi eux, l'éléphant, ne dédaignèrent pas de venir, à distance respectueuse, nous rendre visite. A distance respectueuse, car des feux allumés tout autour de notre campement nous protégeaient contre la curiosité et le dérangement importun de ces hôtes qu'il est prudent de ne regarder qu'au bout de son canon de fusil.

J'avais été un peu souffrant dans la soirée et, bien que la nuit eût été bonne, je demeurais la matinée du lendemain, 28 janvier, sur les bords véritablement enchanteurs de la rivière Grey. J'en profitai même pour la remonter à quelques kilomètres, pendant que du Gardier et Maillat repartaient à la chasse. A leur retour, ils m'apprirent que l'interprète s'était tout à coup trouvé en présence d'un caïman, à quelques mètres, qu'il lui avait poliment envoyé une décharge qui n'avait eu d'autre résultat que de lui faire prendre une fuite précipitée. Sur les pentes de la rivière Grey, nous aperçûmes encore des milliers de cobas, une variété de l'antilope, et de bœufs sauvages qui fuyaient assez loin — à 2 ou 300 mètres — à notre approche, ce qui ne nous empêchait pas cependant d'essayer la portée utile de nos carabines Marlin, en leur envoyant du plomb qui ne paraissait guère, je dois le dire, les gêner, car je n'ai pas vu un seul animal rester à la traîne.

A deux heures et demie, je fais lever le camp, et notre petite colonne s'ébranle dans la direction de Damentan. Après avoir grimpé un rapide de 100 à 150 mètres dominant la rivière et d'où l'on découvre un panorama vraiment splendide, nous descendons sous bois, où nous rencontrons un sentier assez bien tracé qui nous conduit, en trois heures, au sommet d'une ondulation de terrain d'où nous apercevons Damentan, dont le tata, complètement entouré par le marigot qui porte le nom même du village, frappe tout d'abord nos yeux. Les eaux du marigot, encore scintillantes dans cette fin de jour, semblent, à la distance où nous sommes, figées dans un lit de verdure d'où émergent, formant une large ceinture d'un vert sombre, des rangs serrés de palmiers de toute beauté, piqués eux-mêmes çà et là d'arbres d'un vert plus clair jetant une sorte de gaieté dans ce village positivement ravissant.

Nous entrons dans le village, sans aucune appréhension, l'ambassadeur qui nous avait été dépêché la veille ayant fidèlement transmis au chef de Damentan l'assurance que nous étions des amis. Alpha Niabaly nous reçoit, en effet, avec la plus franche cordialité. Une indisposition l'obligeant à un certain repos, il met à notre disposition son jeune frère, en lui recommandant de faire le possible pour que notre séjour à Damentan nous soit rendu aussi agréable que possible. Après le palabre d'usage, dans lequel le souvenir du docteur André Rançon et celui du commandant Roux sont évoqués, et après que j'eus, de mon côté, fait connaître officiellement par mon interprète, quels étaient nos projets et ce que j'attendais de son obligeance, Alpha Niabaly fit immédiatement distribuer aux bêtes et aux gens d'abondantes rations de vivres, du couscous, de la viande fraîche qui nous firent bien vite oublier la frugalité dont nous avions été contraints d'user à l'étape précédente et sur les bords de la rivière Grey. Il ne nous restait plus qu'à gagner nos cases respectives et à tâcher d'y goûter un repos bien mérité par les fatigues de la route que nous avions déjà parcourue, remettant au lendemain la visite du village et de ses alentours, ainsi que le plaisir de faire plus ample connaissance avec Alpha Niabaly.

Après une nuit excellente, prolongée par une sorte de grasse matinée dont nous avions perdu depuis longtemps l'habitude, tout le monde se lève alerte et dispos — sauf du Gardier qui se trouve souffrant — prêt à admirer les curiosités que peut renfermer Damentan qui a donné son nom à toute une région de cette partie du continent africain et que l'on appelle le pays de Damentan.

Le docteur Rançon, dont j'ai déjà parlé, disait dans la relation de son voyage de 1891-1892, c'est-à-dire il y a cinq ans, que le pays de Damentan était à peu près inconnu; il croyait même être le premier Européen qui l'eût visité, un seul mulâtre de Bathurst allant au Fouta-Djallon y étant passé avant lui, mais sans y séjourner. En fait, je n'ai pas trouvé dans le nombre considérable d'ouvrages qui ont été publiés par les voyageurs africains, de renseignements quelconques sur Damentan. Et ce qu'il y a de plus curieux c'est que sur bien des points je ne suis pas entièrement d'accord avec les indications fournies par le docteur dans son voyage d'exploration scientifique dans la haute Gambie.

Je ne parle ici, bien entendu, que de faits matériels et pouvant être vérifiés par quiconque passerait dans ce pays. Ainsi Damentan qui était, dit-il, un village d'environ 1,000 habitants, ne renferme pas plus de 500 âmes, ainsi que me l'ont affirmé les habitants eux-mêmes qui n'éprouvent, on le conçoit, aucune difficulté à effectuer le recensement d'une population aussi restreinte. Il faudrait donc admettre que, en cinq ans, et pour des causes dont je n'ai trouvé aucune trace, le village eût perdu la moitié de son effectif : ceci n'est guère possible. Comme l'a fort bien reconnu ce voyageur, que je ne contredis que dans quelques détails, les gens de Damentan furent longtemps en butte aux attaques des Coniaguis; ils furent, à bien des reprises, assaillis par des bandes venues du Fouta-Djallon; mais la position du village dont je parlerai tout à l'heure les mettaient à l'abri d'un véritable coup de main, et ils ne perdaient pas de monde dans ces échauffourées provoquées par la richesse relative du pays. Eux-mêmes ne ménageaient guère leurs voisins du Tenda et du Kantora avec lesquels ils furent, pendant des années, en lutte ouverte. Mais à l'époque où le docteur Rançon séjournait chez Alpha Niabaly, il constatait que la tranquillité était à peu près revenue partout et que la bonne intelligence régnait parmi les uns et les autres. Il m'a été confirmé par le chef de Damentan lui-même que depuis longtemps la paix n'avait plus été troublée, d'où il est permis de déduire que la guerre, tout au moins, n'a pas été, dans ces cinq dernières années, une cause de déperdition dans le chiffre de la population.

J'ai trouvé le village assez solidement fortifié, en effet, et bien défendu par la double enceinte de troncs d'arbres qui l'entoure entièrement. Cette double enceinte, ou sagné, est formée de pièces de 2 mètres de hauteur entre lesquelles on a ménagé une sorte de fossé, de passage qui permet aux défenseurs de se porter facilement d'un point à un autre de l'enceinte intérieure pour faire le coup de feu plus facilement. Avec ce que l'on pourrait appeler son réduit central, autrement dit son tata en terre qui peut avoir 60 centimètres d'épaisseur, et le marigot de Damentan qui l'environne, formant une défense naturelle peu facile à forcer par des troupes indigènes, le village peut assurément être considéré comme étant de force à résister à tous ses voisins quels qu'ils soient.

Mais j'ai trouvé le village mal construit dans ses lignes générales, et relativement sale comme, au surplus, tous les villages malinkés. Peut-être cela tient-il, pour Damentan au moins, à sa situation qui en fait, en somme, un lieu de passage assez fréquenté par les Dioulas qui y viennent d'un peu partout, se rendant dans les pays où ils font leurs échanges, et même jusqu'à Mac-Carthy. Tous ces passants ne concourent pas aux travaux de voirie de Damentan, mais ils y laissent des traces non équivoques de leur séjour.

Le pays de Damentan, dans son aspect général, présente dans sa partie sud et sud-est de nombreuses ondulations de terrain, même des collines assez élevées, séparées par des vallées plus ou moins profondes où l'on rencontre toujours un marigot. Ces vallées sont d'une extraordinaire fertilité, et la végétation luxuriante qui s'y développe prouve assurément la puissance de production de cette terre merveilleuse, admirablement arrosée par les marigots qui la sillonnent partout. Mais à part les grandes espèces végétales au milieu desquelles se remarquent les caïl-cédrats, les palmiers, les rôniers, les karités et la liane à caoutchouc qui y existe en grandes quantités, on ne voit dans ces vallées aucune trace de culture. Damentan étant le seul village établi dans tout le pays, toutes les cultures entreprises par les indigènes l'ont nécessairement été autour du village, c'est-à-dire dans la vallée et sur une légère surface de la petite colline ou s'élève le village. Les gens de Damentan n'exploitent même pas les richesses considérables que recèlent la liane à caoutchouc et le karité, vulgairement appelé « arbre à beurre », dont l'écorce, incisée dans toute son épaisseur, fournit un suc blanc laiteux qui, par évaporation donne une gutta-percha excellente. Ils ne m'ont même pas semblé connaître les propriétés de la gutta du karité. Ils se bornent à employer les bois du karité pour la menuiserie et le charpentage, et ils cueillent surtout précieusement la graine dont ils font un aliment, le beurre qui sert à leurs usages culinaires et à la fabrication du savon, et un médicament souverain, disent-ils, pour le pansement des blessures, des plaies.

Quoi qu'il en soit, je n'ai aperçu à Damentan que des cultures médiocres de mil, de riz, d'oseille sauvage. Ici encore, je ne me rencontre pas en parfait accord avec l'honorable docteur qui, lui, a vu et décrit d'immenses rizières dans la vallée et sur les bords du marigot, s'étendant à perte de vue; des lougans de toutes sortes sur le plateau, où l'on voit prospérer d'un façon remarquable le mil, le coton, les arachides, etc., ces lougans étant bien mieux entretenus que dans les autres pays. A défaut de mes souvenirs qui pourraient ne pas être suffisamment précis, j'ai là, sous les yeux, les notes que j'ai prises au cours de ma visite du village, et j'en extrais ceci : Quant aux lougans, ils ne sont pas de très grande importance et sont mal cultivés. Cependant, par leur situation, les lougans de Damentan pourraient, si les gens du pays voulaient se donner un peu de peine, leur fournir des rizières de toute beauté, car, se trouvant placés au pied d'un rapide, l'hivernage y verse abondamment l'eau nécessaire à la culture du riz. Je n'ai même pas vu, et j'en ai été fort surpris, un seul pied de manioc parmi les cultures de Damentan, alors que ce tubercule est, comme on le sait, un puissant appoint dans la subsistance habituelle des noirs.

Cette légère digression culturale m'a peut-être mené un peu loin; mais puisque aussi bien je ne fais ici que relater le plus simplement que je puis et aussi sincèrement que possible ce que j'ai vu, il m'a paru désirable de faire toucher du doigt les quelques divergences de fait que j'ai pu constater entre ce qui existait à

Damentan, il y a cinq ans, et ce qui est la réalité aujourd'hui.

Ma tournée à peu près achevée, et comme il commençait à faire terriblement chaud, le déjeuner m'apparut comme devant nous procurer, en outre d'un agréable repos, quelques jouissances culinaires qu'il faudrait être un saint pour dédaigner dans la brousse d'Afrique. Oh ! ni chaud-froids, ni truffes; simplement un excellent bouillon de bœuf, ce que nous appelons la soupe fraîche. Alpha Niabaly, que je retrouvai avec plaisir mieux portant que la veille, avait eu la gracieuseté de faire tuer un bœuf en notre honneur. Outre que l'attention me fit plaisir, je n'oubliais pas, ni mes compagnons non plus, que depuis Amdallaye nous ne connaissions plus le potage que de souvenir. Après avoir prélevé sur le bœuf sacrifié pour nous par Alpha Niabaly ce qui était nécessaire à notre cuisine particulière, je fis distribuer le reste à nos hommes, en leur recommandant de s'arranger pour en conserver un cuisseau qu'ils seraient bien aises de retrouver le lendemain pendant la route très longue que nous avions à faire pour atteindre le pays des Coniaguis. Ce supplément de charge fut, je le reconnais, bien accueilli par nos porteurs.

Je causai avec notre hôte par l'intermédiaire de Maillat. Il ne fit aucune difficulté pour me raconter son histoire qui est, d'ailleurs, connue. Alpha Niabaly paraît âgé de 70 ans; de figure intelligente et avenante, il m'a semblé appartenir à la race de sang mêlé Toucouleur et Malinké, bien qu'il se prétende un pur Mandingue. C'est un musulman fanatique, comme, du reste, tous les habitants de Damentan. Il est originaire du Fouladougou où il faillit être massacré lors de la prise de son village par le père de notre ami Moussa-Molo. Il réussit à s'échapper en compagnie de quelques hommes à lui, et se réfugia dans le pays de Bassari où il demeura plus de dix ans. Energique, plein d'initiative, Alpha Niabaly rêvait d'une indépendance dont il ne jouissait pas au milieu de gens qui pratiquaient une autre religion que la sienne, qui avaient des coutumes et des mœurs auxquelles il se pliait difficilement. Sous un prétexte quelconque, un différend d'intérêts, il s'en alla un jour avec sa famille et ses fidèles à la recherche d'un pays où il pût s'installer à sa guise et sans relever de personne. Ce fut dans la vallée de Damentan qu'il s'arrêta, séduit par le paysage, on peut dire par la fertilité luxuriante de l'endroit qui faisait présager une terre généreuse. Pendant quelque temps, le village ne renferma que sa case et celles des quelques familles qui n'avaient par voulu le quitter; mais peu à peu, beaucoup de ses compatriotes qui ne l'avaient pas oublié, chassés d'ailleurs par la guerre qui continuait dans le Fouladougou vinrent se joindre à lui, et le village prit l'importance qu'il a encore aujourd'hui.

La population de Damentan a même fini par réunir sur ce point les types les plus divers : des Coniaguis, des Mandingues, des Peuhls et même des Sarracolés, en dehors des Dioulas qui y passent seulement, apportant quelques tissus, du tabac. Tous sont des musulmans ardents et d'autant plus zélés que leur chef Alpha Niabaly passe pour un marabout dont le renom s'étend au loin. J'ai pu voir, pendant mon séjour à Damentan combien les pratiques religieuses étaient suivies avec conviction par tout ce monde: aux différentes heures de la journée, la nuit même, on n'entend que chants psalmodiés, invocations, et la mosquée, placée non loin du tata d'Alpha Niabaly, est souvent insuffisante pour le nombre des croyants qui s'y pressent. J'ai souvent pensé, depuis, que ce spectacle ferait la joie du député de Pontarlier, l'honorable docteur Grenier.

Avant le dîner, je prévins Alpha Niabaly que mon intention était de continuer ma route dès le lendemain matin, au chant du coq. Je le priai, en même temps, de vouloir bien mettre à notre disposition un certain nombre de porteurs dont je prévoyais la nécessité pour assurer largement le transport de nos caisses. L'excellent chef me promit tout ce que je voulus et me répéta, à nouveau, qu'il était et resterait toujours l'ami des Français. L'heure du dîner était venue. C'est en musique que nous dégustâmes le bœuf succulent tué le matin, car Alpha Niabaly, par une attention que je qualifierai de délicate, avait ordonné à son orchestre de joueurs de coras de venir s'installer près de nous. Je ne suis malheureusement pas très amateur et l'art musical a beaucoup de secrets pour moi; mais le cora, qui se rapproche comme son de la harpe, n'est véritablement pas mal pincé par ces primitifs qui tirent de cet instrument, également primitif, des mélodies bizarres, au rythme étrange et qui ne blessent en rien l'oreille la moins mélomane. Après avoir récompensé ces tziganes d'un nouveau genre comme il convenait, tout le monde fut se coucher pour être prêt le lendemain à la première heure.

Au chant du coq, comme il était convenu, nous étions tous debout, les porteurs parés, quand — j'en avais le pressentiment — on vint me prévenir que les hommes promis par Alpha n'étaient pas prêts. Nous perdions du temps; je fis mettre en route la colonne, et je demeurai, attendant que six caisses qui restaient en panne, eussent leurs porteurs. Avec beaucoup de peine, on parvint enfin à me les amener, et je filai à mon tour dans la direction prise par mon monde que je rejoignis sans incident vers sept heures du matin. Je ne puis que répéter ici que cette question de porteurs est capitale, et recommander à ceux de nos compatriotes qui auraient le projet de parcourir ces régions, de la régler à l'avance minutieusement, dans tous ses détails, car il est, le plus souvent, très difficile de se procurer les hommes indispensables, ce qui entraîne nécessairement les retards les plus considérables dans les mouvements d'une colonne.

Je savais que le pays que j'allais aborder allait devenir

de plus en plus difficile et que l'étape, ou plutôt les étapes qui devaient me conduire de Damentan au pays des Coniaguis seraient assez pénibles. Je divisai donc ma colonne en trois groupes : une avant-garde, le gros des porteurs, les chevaux de main ; je pensais que cette disposition pourrait faciliter notre marche que je sentais se ralentir par le fait des porteurs de Damentan, lesquels, bien qu'ils se fussent fait seconder par un certain nombre de leurs amis, n'arrivaient qu'à grand'-peine à suivre nos hommes, déjà entraînés à une allure convenable.

Tout à coup, tranquillement sortis de la brousse qui borde le sentier assez bien tracé que nous suivons, deux éléphants de taille moyenne passent au petit trot entre les porteurs et le dernier groupe, celui des chevaux, à environ 60 mètres de nos fusils : nous nous sommes bornés à leur tirer... un respectueux coup de chapeau. Je me souvins, en effet, de la tragique aventure de lord W..., qui dépensait une grande partie de sa grosse fortune à courir le monde sur un joli et confortable yacht qu'il avait fait construire sous ses yeux, en vue surtout de satisfaire sa passion pour la chasse des animaux que l'on ne trouve que dans les pays tropicaux. Dégoûté du renard, du cerf, comme du sanglier et de l'isard, il n'éprouvait plus quelque émotion que lorsque surgissait devant lui l'un de ces formidables spécimens de la faune africaine ou asiatique qu'il faut combattre plutôt que chasser, en une lutte qui exige non seulement un courage à toute épreuve, mais encore un imperturbable sang-froid et un coup d'œil extrêmement sûr.

Lord W... était donc venu au Gabon, où il savait que l'éléphant foisonne; il était accompagné de quelques amis, ayant comme lui le goût des aventures, et qui le suivaient dans ses excursions habituelles hors d'Europe. Le yacht, mouillé à quelques encâblures de terre, on ne tarda pas à descendre et à s'enfoncer dans le fourré, la carabine à la main, à la recherche d'un ou de plusieurs adversaires dignes de l'attention de nos hardis compagnons. Il ne se passa pas bien longtemps avant qu'on entendît à quelque distance un bruit prononcé où dominait le craquement de branches brisées et de puissantes foulées dénonçant l'approche d'une troupe d'animaux que l'expérience de lord W... et de ses amis reconnut de suite être des éléphants. Chacun prit vivement ses dispositions pour recevoir du mieux qu'il pût les redoutables mammifères qui s'avançaient avec l'insouciante sécurité qu'ils puisent sans doute dans leur formidable force et dans leur incroyable vélocité. Au débuché les pachydermes furent accueillis par une sorte de feu de salve qui les arrêta court, un instant; mais rendus furieux par l'attaque soudaine qui venait de les surprendre, ils foncèrent dans les différentes directions où se tenaient, à l'affût, nos chasseurs qui déguerpirent avec rapidité vers la côte qu'ils purent atteindre heureusement par une course vertigineuse. Seul, l'un des quadrupèdes, le plus beau, était pour ainsi dire resté cloué sur place, ainsi qu'avaient pu le remarquer les fuyards qui ont ensuite rapporté ces détails, et qui s'aperçurent que lord W... ne les avait pas suivis. Celui-ci était, en effet, audacieusement resté sur le terrain de la lutte. L'éléphant, qu'il avait d'ailleurs blessé de son premier coup de fusil, ses petits yeux clignotants, sa trompe battant l'air furieusement, se ruait bientôt sur l'ennemi que son flair merveilleux n'avait pas tardé à découvrir. Lord W..., très calme, l'attendait sa carabine à l'épaule, sûr de son coup, le guidon entre les deux yeux de l'animal, calculant la distance comme en une expérience au champ de tir... il appuyait enfin, à la seconde précise qu'il avait choisie, le doigt sur la gâchette, et l'éléphant, blessé une seconde fois, ne s'arrêtait même pas, rejoignait lord W... qui reculait, désarmé, le trompait avec fureur, le piétinait avec rage, réduisant en quelques instants l'infortuné à l'état de bouillie informe et sanglante : le malheureux, si confiant en son coup d'œil n'avait pas frappé juste.

Inquiets, ses amis revinrent sur le théâtre de la lutte où ils retrouvèrent facilement le corps ou plutôt les restes informes de l'intrépide chasseur. Il faillit même être inhumé là où il était tombé, car on n'avait pas dans cette région les moyens de fabriquer le triple cercueil en plomb qui est exigé pour le transport en Europe de la dépouille de ceux qui succombent là-bas. On dut démolir certaines parties du yacht de lord W... pour se procurer le plomb nécessaire à la confection de la deuxième enveloppe du cercueil dans lequel il fut déposé et renvoyé en Angleterre.

Tout en cheminant à travers la brousse rabougrie, — car la verdoyante végétation de Damentan et de ses alentours disparaissait peu à peu — je racontai cette histoire à mes compagnons; nous avancions lentement, et c'est à peine si nous pûmes faire une dizaine de kilomètres dans la matinée. Après avoir cependant rencontré quelques petits oasis, nous franchissions, à une heure de Damentan, un premier marigot sans aucune importance, d'un passage très facile, auquel on a donné le nom de Damentan-Boulo; puis successivement les marigots de Bamboulodin, à sec pendant plusieurs mois de l'année; de Niatafaro, que nous laissons sur notre gauche; de Filandi, de Nomandi, de Talidian, très rapprochés les uns des autres et qui dessèchent, comme le Bamboulodin, pendant des mois. La chaleur devenant accablante, et rendant la marche très pénible, j'arrête la colonne au marigot de Potou-Poto, dont l'eau courante, excellente à boire, attire bêtes et gens. L'endroit est d'ailleurs engageant et invite au repos; de beaux caïl-cédrats, mêlés à d'autres arbres très grands, où s'enroulent de gigantesques lianes à caoutchouc, forment une voûte de feuillage impénétrable aux rayons du soleil. En un instant, tout fut disposé à terre, et nous prenions l'apéritif sous ces frais ombrages, où le Pernod, le Noilly-Prat, le Sécrestat et l'Amer Picon empruntent, après une dure étape sous la rouge flambée d'un soleil incandescent, une saveur que connaissent bien les voyageurs africains. Le déjeuner suivit de près; une courte sieste, puis je me remis en route pour aller passer la nuit le plus loin possible en vue d'abréger l'étape du lendemain qui devait être fort longue.

J'avais été bien inspiré en prescrivant de réserver un cuisseau de bœuf que, pour nous être agréable, Alpha Niabali avait fait tuer. Le guide que celui-ci m'avait donné, pour m'accompagner jusqu'au pays des Coniaguis, m'avait, en effet, prévenu que nous n'y parviendrions pas avant le lendemain dans la soirée; il ne fallait donc pas compter sur des vivres frais avant ce moment. Ce guide, du nom de Fodé, était, coïncidence assez curieuse, le même homme qui avait conduit le docteur Rançon, en décembre 1891, jusqu'à Yffané qui n'est que le seuil du pays des Coniaguis. Depuis cette époque, j'étais, me dit-il, le premier blanc qu'il eût revu dans ces parages (1). A la nuit, nous franchissions donc le marigot Linko, et vers huit heures du soir nous atteignions les bords du Bamboulo, où je faisais établir

(1) J'ai reçu tout récemment, au mois d'août, une lettre de M. Adam, le sympathique administrateur du cercle de Sedhiou, dont j'ai parlé à propos de mon passage en Casamance, dans laquelle il me dit avoir traversé le pays des Coniaguis, se rendant au N'Dama en vue de conclure avec Tierno Ibrahima, chef du N'Dama, un traité de protectorat. Les renseignements que veut bien me donner M. Adam, dans cette lettre, m'ont procuré, je ne le dissimule pas, la plus vive satisfaction, en ce qu'ils me prouvent que mon séjour parmi les gens du Coniagui n'aura pas été inutile à la cause française dans une région restée indifférente, sinon réfractaire, à notre influence. C'est, en effet, peu de temps après mon passage chez Tierno Ibrahima que celui-ci faisait demander par lettre à l'administrateur de Sedhiou, de conclure avec la France un traité de paix.

le campement pour la nuit, au milieu de quelques chasseurs coniaguis qui se dirigeaient vers Damentan. Ces hommes qui n'avaient pas aperçu un seul Européen depuis le passage, cinq ans auparavant, du docteur Rançon, nous considéraient avec un véritable ébahissement, mais sans laisser entrevoir la moindre inquiétude. Sans que j'eusse moi-même d'appréhensions réelles, nous passâmes néanmoins la nuit à peu près sur le qui-vive, parce que les renseignements fournis par le docteur mentionnent les précautions et les mesures que, selon lui, il était prudent de prendre en vue d'éviter une surprise possible de la part de ces peuplades encore défiantes de ce que nous appelons les bienfaits de la civilisation.

A trois heures, tout le monde était debout; mais notre guide Fodé nous fit comprendre que nous ne pourrions franchir le Bamboulo dans l'obscurité, non à cause de sa largeur et de sa profondeur qui sont médiocres, mais parce qu'il est obstrué par des troncs d'arbres morts et des détritus végétaux. Force nous est d'attendre; au bout d'une heure je me décide à passer le marigot aux flambeaux, c'est-à-dire au moyen de feux allumés sur les deux rives. L'interprète Maillat se charge, avec deux porteurs, de préparer le passage dans ces conditions, qui s'effectue ensuite, quelques minutes plus tard, sans accident, par la colonne. Nous retrouvons immédiatement les vallonnements habituels qui nous obligent à l'ascension connue pour redescendre vers un nouveau marigot. Celui que nous rencontrons, après avoir traversé une forêt de bambous, s'appelle Bakoko, qui nous laisse le souvenir d'un barbotement dans de l'eau stagnante et sale. Après une course d'une heure encore, nous sommes devant l'Oundari, un fort joli cours d'eau, dont le lit est formé de grès ferrugineux d'un rouge très apparent. C'est la première fois, depuis notre départ de Dakar, que je remarque cette particularité. Deux kilomètres plus loin, nouveau cours d'eau, divisé en deux branches, où coule une eau vive. L'aspect général de cette rivière dont les bras sont ombragés de caoutchoutiers, de caïl-cédrats et autres grandes espèces est ravissant; j'ai regretté de ne pouvoir, faute de temps, en prendre une vue photographique, mais notre gîte d'étape est encore loin, et le soleil monte rapidement. Nous nous remettons en route; le terrain s'élève sensiblement jusqu'à une colline que nous gravissons, et du sommet de laquelle nous découvrons, dans toute son étendue, le panorama du pays coniagui, borné à l'horizon par une chaîne de montagnes, sans doute les frontières du Fouta-Djallon. La route devient plus pénible; pendant une heure nous suivons un sentier rocailleux qui nous mène au marigot Couniki, distant du village d'environ 2 kilomètres; ce cours d'eau ne diffère pas des précédents; l'eau en est très courante et le lit formé de quartz et de grès ferrugineux. J'arrête un instant ma colonne pour permettre à nos traînards de nous rejoindre, car je tiens à rentrer dans Iffané, le premier village coniagui que nous abordons, en un groupe compact et bien ordonné.

Nous y voici enfin. Après une enfilade de trois agglomérations de cases, nous débouchons sur une vaste place qui sépare les cases du village de celles du roi. Ce monarque répond au nom de Toukané. L'emplacement me séduisit par sa situation très à découvert, grâce à laquelle, en cas d'alerte, nous aurions facilement le temps de nous retourner. J'avisai un beau caïlcédrat sous lequel je fis disposer le campement, et j'envoyai prévenir le roi que je désirais le voir et l'entretenir de l'objet de ma visite. Après quelques minutes d'attente, Sa Majesté peu gracieuse le roi Toukané, en personne, fait son apparition, armé de l'un de ces fusils de traite, à pierre, d'origine britannique, que l'on trouve, je pense, dans toutes les parties du continent africain où il végète un noir. Le roi s'avance lentement, l'air inquiet, comme s'il redoutait la vue des blancs. Je l'examine à loisir. Il paraît âgé d'environ 55 ans ; il est de taille moyenne ; le corps est tout à fait grêle, guère plus étoffé que celui d'un enfant de 15 ans ; la tête est grosse, presque disproportionnée ; il porte toute la barbe qui est grisonnante. Je mettrai le dernier trait à cette silhouette rapide en disant qu'il est, en outre, d'une saleté repoussante. Le roi Toukané est habituellement vêtu, comme ses sujets, du costume le plus primitif qui soit; mais, en notre honneur, il a endossé un boubou de guinée légère.

Il arrive enfin à notre portée; nous échangeons une poignée de mains que je m'efforce de rendre aussi cordiale que possible, puis il s'asseoit à quelques pas de nous, et j'entame bien vite l'inévitable palabre. Il dure plus d'une heure, car il me faut répéter à satiété les mêmes choses, appuyer sans me lasser sur nos pacifiques intentions, dire que les blancs ne sont pas des ennemis, qu'on n'a rien à craindre d'eux... Nos hommes, qui n'ont pas mangé depuis la veille, font une grimace significative, et ne cachent pas que ces interminables discours n'ont aucun effet utile sur leurs estomacs creux. Je précipite un peu ma péroraison pour demander au roi de faire donner à mes porteurs et aux chevaux la nourriture et le fourrage dont ils ont tant besoin. Toukané promet de faire envoyer le nécessaire sans retard; je commençais à être blasé sur la façon dont les noirs comprennent les termes « immédiatement », « sans retard », et je ne fus que médiocrement surpris lorsque deux longues heures après mon entrevue avec le souverain coniagui, je vis arriver seulement un peu de miel et de couscous pour les hommes. « Pas généreuse, majesté Toukané, » chuchotaient mes gaillards, qui ne comprenaient pas bien cette parcimonie qu'il faut sans doute attribuer à ce qu'il n'a pas l'habitude de recevoir chez lui.

Ce sont cependant les gens d'Iffané qui nous ont servi l'apéritif, avant le déjeuner, sous la forme d'un liquide que les Mandingues appellent « dolo ». C'est, ma foi, une boisson assez agréable au goût; elle est fabriquée avec du gros miel que les indigènes font bouillir, et auquel ils ajoutent un peu de miel pour aider à la fermentation qui dure quelques jours, après quoi ils décantent le mélange. Les Coniaguis sont très friands de cette espèce d'hydromel dont ils font une grande consommation.

Après le déjeuner, le guide Fodé que nous avait donné Alpha Niabali à Damentan pour nous mener chez les Coniaguis, vint prendre congé, pressé qu'il était de rentrer chez lui. A la dernière poignée de mains, ce brave Fodé me fit cette recommandation que je me reprocherais d'oublier, de ne pas manquer de donner de ses nouvelles au docteur Rançon : je m'acquitte ici de la commission dont Fodé m'a chargé avec le plus grand plaisir.

Le moment était venu pour nous d'aller rendre visite au roi, et de jeter un coup d'œil sur le village et sur ses habitants. L'industrie du vêtement est absolument inconnue chez les Coniaguis qui vont tout à fait nus, ou à peu près. Ils se rasent les deux côtés de la tête, ce qui reste de cheveux formant sur le sommet du crâne une sorte de cimier de casque. Très robustes et très courageux, les Coniaguis sont de race guerrière; dans les nombreux engagements qu'ils ont eus avec leurs voisins, ils ont toujours été vainqueurs.

Les femmes sont plutôt petites; elles ont les traits accentués et ne ressemblent en rien aux femmes mandingues; elles m'ont paru avoir une certaine analogie avec les femmes des Dioulas, peuplade que l'on rencontre sur les confins de la Casamance. Ce qui est hors de conteste, c'est que les femmes coniaguis se font remarquer par une inimaginable malpropreté. Comme les hommes, elles ne dissimulent rien de leurs charmes, et c'est toute nue que la beauté coniagui s'offre aux regards des rares voyageurs qui se décident à aller la contempler. Cependant les femmes mariées se distinguent de leurs compagnes, par une petite pièce d'étoffe, large comme la main, qu'elles portent entre les jambes et qui est retenue par un cordon à la ceinture. Cette si complète nudité n'est pas de l'impudeur, car ces gens ne connaissent en rien le sens que les civilisés attachent à ces expressions de pudeur et d'impudeur.

L'industrie pastorale et l'agriculture constituent les deux principales occupations des Coniaguis. Par leur situation, ils disposent d'une vaste plaine, qui est bornée de l'est au nord-ouest par une chaîne de montagnes appelée « Tenda » et est sillonnée de nombreux cours d'eau qui en rendent la végétation assez fertile pour offrir au bétail d'excellents pâturages. Aussi l'élevage est-il très en honneur chez eux, ainsi qu'en témoignent les nombreuses têtes de bétail que l'on aperçoit partout. Ils élèvent également en grand la volaille qui pullule dans le village; mais comme dans presque tout l'intérieur de l'Afrique, les œufs ne sont pas consommés. Je n'ai pas vu de chevaux dans le pays, et seulement quelques ânes qui doivent être importés par les Dioulas de passage.

Je ne parle pas du gibier qui est très commun dans toute cette région, où l'on rencontre les antilopes des différentes espèces, les gazelles, les biches. La grosse bête, c'est-à-dire le sanglier, l'hippopotame, l'éléphant existe en grand nombre, de même que le gibier à plumes : pintades, outardes, perdrix, etc.

Si les Coniaguis sont excellents pâtres et bergers, je ne les crois pas aussi enthousiastes du travail de la terre. Je dois cependant à la vérité de dire que leurs lougans sont assez importants. Ils cultivent surtout le mil et le tabac, et font subir à ce dernier produit une certaine préparation qui leur permet d'en fabriquer des boules pesant 1 ou 2 livres. Ainsi traité, le tabac se conserve très longtemps, et présente un peu l'aspect de ce que nous appelons le tabac en carotte. Les indigènes chiquent surtout, car je n'ai pas aperçu de fumeurs. Je fis prendre une certaine provision des boules en question, qui se coupent assez facilement au couteau et qui nous fournirent, pour la pipe, un scaferlati supportable.

Les villages coniaguis diffèrent, dans leur construction, de ceux des Peulhs du Fouladougou. Les cases ne sont pas groupées dans un seul endroit; elles sont élevées parallèlement sur une longueur d'environ 50 mètres, et, par endroits, distancées les unes des autres de 100 à 200 mètres. La forme des cases n'est pas, non plus, la même que celle des habitations que nous avons vues jusqu'ici. Très basses, rondes et petites, elles évoquent l'idée d'un gros champignon ou d'une ruche d'abeilles; elles sont établies à même le sol qui est préalablement battu; une natte ou un peu de paille en constitue tout le mobilier.

Au coucher du soleil, les chefs des villages environnants, prévenus de notre arrivée, viennent nous faire visite, présentés par Toukané. Après les salutations d'usage, le palabre recommence à nouveau, dans lequel nous affirmons, une fois de plus, nos intentions amicales. Comme toujours, j'avais la préoccupation des porteurs dont j'aurais besoin pour continuer ma route, et je profitai du palabre pour glisser un mot de cette question, capitale pour moi. Ce fut un refus absolu, très net que j'essuyai. Comme j'insistais pour savoir les motifs de ce que je considérais comme de la mauvaise volonté, le chef finit par me dire que ce n'était pas la coutume, que ses gens n'étaient pas habitués à porter, et qu'il n'avait aucun moyen de les contraindre, tout le monde, dans le pays coniagui, étant libre d'agir à sa guise et de faire ce qui lui convenait.

Outre l'ennui que ces péremptoires déclarations me causaient, parce que je voyais mes moyens de transport compromis, je me demandais si Toukané ne recherchait pas un motif plus ou moins plausible pour me faire quitter la place au plus vite. Je croyais m'apercevoir, en effet, que décidément notre séjour chez lui ne lui était pas agréable. Je laissai aller les choses, sachant déjà, par expérience, qu'il est inutile d'essayer de convaincre les noirs du premier coup et de dissiper avec quelques paroles de plus leur défiance toujours en éveil. Je fis coucher tout mon monde, remettant au lendemain de prendre une résolution qui restait subordonnée aux événements.

La nuit se passa tranquillement. Debout de très bonne heure, je m'en allai aux environs voir s'il se passait quelque chose qui pût éveiller mon attention. Je ne remarquai rien de suspect au cours de cette petite tournée qui ne fut pas ignorée, sans doute, de mes hôtes. Je décidai que nous ne quitterions pas le camp, ce qui me permettait de ranger mes notes, de les mettre à jour et de m'occuper des moyens de réduire le nombre de nos caisses, pour le cas où persisterait le refus de nous procurer des porteurs. Mais nous fûmes bientôt envahis par les gens du village qui venaient nous demander une consultation. Chacun, à tour de rôle, sollicitait un remède, celui-ci pour une tête malade, celui-là pour une jambe enflée, cet autre pour des douleurs de ventre. Beaucoup de ces gens, et plus particulièrement ceux du roi, se plaignaient, on le devine, de maladies imaginaires, et s'il nous eût fallu les satisfaire tous, notre pharmacie complète eût été tout à fait insuffisante. Il en était — les plus malins — qui geignaient plus fort que les autres ; à ceux-là, je fis donner un peu d'huile d'olive, dont ils s'enduisaient le corps avec force contorsions devant lesquelles nous avions grand'peine à tenir notre sérieux.

Le moment me parut favorable pour reprendre la conversation avec Toukané. Je lui demandai, notamment, s'il n'avait pas à se plaindre de ses voisins, et si aucun dommage ne lui était causé par les tribus dont il était le plus rapproché. Il me raconta qu'au contraire, il avait souvent à subir les attaques des gens du N'Dama qui venaient à tout propos lui enlever du bétail et des femmes, et il m'avoua qu'il serait très heureux que nous puissions faire mettre un terme à ces déprédations qui le mortifiaient beaucoup et lui occasionnaient les plus grands ennuis. Je tenais mon homme; je lui répliquai que j'étais tout disposé à intervenir auprès du chef de N'Dama, qui est Tierno Hibrahima, et à l'inviter à se tenir tranquille, en l'avisant que les Coniaguis étaient les amis des Français, mais à la condition expresse que lui, Toukané, mettrait à ma disposition les porteurs dont j'avais besoin pour continuer ma route. Il me promit enfin que j'aurais des hommes au moment de mon départ, ce qui me tranquillisa un peu. Il me fit même cadeau, ce même jour, d'un bœuf que je fis tuer et partager entre les gens de Damentan qui m'avaient accompagné, ceux du village et mes hommes. Il était hors de doute que nos relations s'amélioraient sensiblement. J'en fus, d'ailleurs, tout à fait certain en constatant que la fraîcheur qui caractérisait les rapports des Coniaguis avec nos hommes avait fait place, sinon à la plus franche, du moins à la plus apparente cordialité. Chacun fraternise, on fait de mutuels échanges; certains poussent même l'amabilité jusqu'à emmener nos hommes chez eux. Ceux-ci en profitent pour faire provision de tabac, de manioc que l'on sera bien aise de retrouver à l'étape prochaine.

De mon côté, j'avais déjà fait cadeau à Toukané d'un fusil; je corse ce présent en y ajoutant une glace et des colliers de perles que je le prie de remettre à ses femmes. A propos de fusil l'idée me vint de lui montrer la supériorité de nos armes, en exécutant devant lui un tir de nos revolvers modèle 92 et de nos carabines Marlin. Les Coniaguis furent surpris et émerveillés de la rapidité de notre tir et de l'effet produit par les armes de précision. Je ne manquai pas d'expliquer à Toukané que la France possédait une grande quantité de ces armes qui servent à ses guerriers pour châtier ceux qui font du mal à ses amis, ajoutant que les Coniaguis étant maintenant les amis des Français, ceux-ci les défendraient avec leurs fusils et leurs revolvers. Ces assurances faisaient certainement plaisir à Toukané; mais au fond de toutes les démonstrations d'un chef noir, il y a au moins une restriction mentale, si bien que je ne fus pas outre mesure étonné de la proposition que me fit celui-ci de faire passer devant nous, à bonne distance, un troupeau de quelques têtes de bœufs sur lequel, me disait-il, je pourrais exercer la précision de mes armes.

Quelques instants plus tard, en effet, les ruminants étaient amenés, et j'en choisis un comme cible. Je tirai ma première balle à la tête; l'animal continua sa route; mon deuxième coup de fusil l'atteignit dans le corps; il avançait toujours; au troisième, le projectile se logea dans la cuisse; le bœuf ne bougea plus. A ce moment, un Coniagui, armé de son fusil à pierre, courut à toute vitesse vers le malheureux animal et le lui déchargea, à 2 mètres, dans la tête. Je jetai un coup d'œil à Toukané qui se dirigeait vers la victime; il constatait avec une pointe de moquerie, que mes balles avaient bien atteint le bœuf, que mon fusil tirait vite et portait loin, mais que les projectiles n'entraient pas, selon son expression. Je lui fis comprendre qu'il se trompait, mais je me demande si je l'ai bien convaincu.

Je suis resté quatre jours pleins chez les Coniaguis, et je crois être le premier Européen qui ait traversé le pays tout entier, ainsi que celui des Bassaris. M. le docteur Rançon n'a pas, en effet, dépassé Iffané, qui est, pour ainsi dire, le premier village important des Coniaguis; mais les renseignements qu'il a recueillis pendant son court séjour chez ces peuplades concordent exactement avec ceux que j'ai pu me procurer moi-même en parcourant tout le pays.

Au point de vue de leurs coutumes, de leurs mœurs, des pratiques religieuses, des cérémonies funèbres, des mariages, on ne rencontre chez les Coniaguis rien qui diffère sensiblement de ce qui se passe parmi tous les primates de cette région de l'Afrique.

D'où sont venus les Coniaguis? Il est encore aujourd'hui bien difficile de le déterminer; les plus anciens d'entre eux n'ont aucune notion sur leur origine, que la tradition orale n'a même pas conservée. Si l'on admet les probabilités qui placent leur berceau sur les bords du Niger, qu'ils auraient abandonné devant les incessantes incursions des Peulhs, il serait vraisemblable que des tribus errantes fussent venues s'installer dans le pays qu'ils occupent aujourd'hui, à l'abri des Peulhs, sans doute leurs anciens maîtres. Ou bien, c'est une autre version, les Coniaguis ne seraient autres que des captifs qui auraient quitté en masse la Fouta-Djallon, pour échapper encore à la domination des Peulhs.

Dans tous les cas, je crois, comme le docteur Rançon, qu'il faut rattacher les Coniaguis à la famille des Malinkés, mais des Malinkés dégénérés ou demeurés à l'état sauvage.

Ils se nourrissent relativement bien, en ce qu'ils mangent de la viande à volonté qu'ils mélangent au couscous, à la farine de mil, au riz. Tout le monde, hommes, femmes, enfants, puise à la même calebasse. Ils boivent le dolo avec délices, et le gin avec plus de plaisir encore. Ils aiment le sel par-dessus tout et, en général, toutes les épices: poivre, piment, etc., qu'ils trouvent à profusion autour d'eux.

Je n'ai recueilli rien de bien particulier sur les cérémonies funèbres en usage chez les Coniaguis. Je crois que tout l'honneur qu'ils font aux morts se borne à tirer quelques coups de fusil pendant l'inhumation. Mais la famille du décédé se livre à de grandes réjouissances où sont conviés tous les amis de celui qui n'est plus: on mange avidement, on boit sans discontinuer, surtout si l'on a quelque réserve d'alcool, et la fête ne prend fin que lorsque tout le monde est étendu par l'ivresse, à travers les calebasses vidées.

Les Coniaguis sont fétichistes. Sans avoir l'idée bien déterminée d'une divinité quelconque, l'on m'a affirmé qu'ils rendaient certains hommages — je ne puis guère dire un culte — à une idole en bois, de grande dimension, cachée dans une forêt, vers Nouma, qu'ils considèrent comme la protectrice du pays coniagui. La légende — car je n'ai rien vu de pareil — veut qu'en cas de guerre, d'épidémie, de danger quelconque, les Coniaguis se rendent solennellement dans la forêt de Nouma pour conjurer l'idole de les protéger, et qu'ils y égorgent trois jeunes filles du roi, dont le sang sert à arroser les pieds du fétiche.

Il n'y a pas, à proprement parler, de cérémonie du mariage. Lorsqu'un homme veut se marier, il s'entend avec le père de la future, lui fait les cadeaux d'usage, fort peu dispendieux : quelques poulets, un ou deux kilogrammes de mil, et il emmène la femme dans sa case. Celle-ci n'est pas consultée, c'est affaire entre le père et le prétendant. Cet arrangement amiable est le sujet d'une *noce* qui ressemble de tous points à celle qui suit les funérailles: on mange à s'étouffer et l'on boit comme des éponges. Les Coniaguis sont polygames. Le divorce existe ; il a lieu généralement d'un commun accord. Les veuves retombent à la charge du frère cadet du décédé, qui peut même les épouser.

La terre n'est pas un bien commun à la tribu ; chacun y a sa propriété, constituée par la partie qu'il cultive ou qu'il entretient d'une façon quelconque.

Il est inutile de parler de constitution politique; aucune organisation ne préside à l'exercice du pouvoir qui est tout entier entre les mains du roi. La seule singularité que l'on pourrait relever à cet égard, c'est que le chef en fonctions est remplacé, lorsqu'il meurt, par le fils aîné de sa sœur.

L'écriture étant absolument inconnue au pays des Coniaguis, la justice est rendue sans code, et elle est, on le devine, tout à fait embryonnaire : c'est en fin de compte, la force qui a toujours raison.

Les Coniaguis sont des chasseurs émérites ; ils tirent l'arc admirablement. Ils ne paraissent pas connaître la pêche.

A part la fabrication de quelques poteries grossières, et celle de quelques bijoux ou de couteaux et de sabres en fer et en cuivre, ils ne possèdent aucune industrie.

Le commerce se borne à des échanges en nature. Le Coniagui donne des peaux, des arachides, du beurre de Karité et reçoit des fusils à pierre, de la poudre, du sel, du gin, des kolas, de la verroterie.

Le moment du départ approchait. Désireux de tenir la promesse que j'avais faite à Toukané d'intervenir auprès de Tierno Hibrahima, il fut décidé qu'au lieu de passer par Mammacono, nous nous dirigerions sur N'Dama qui n'est séparé d'Iffané, où nous venions de séjourner, que par deux étapes.

Outre les porteurs j'avais obtenu de Toukané un guide du nom de Barkégui Sambo dont je dirai un mot tout à l'heure. Au point du jour nous étions prêts, mais, comme d'habitude, un retard se produisit qui ne nous permit de nous mettre en route qu'à sept heures.

Nous suivons de nouveau l'ordinaire sentier, celui-ci bien tracé, à travers la brousse. Il nous conduit successivement à Ouïani, Opari, Goungou, petits villages coniaguis peu importants, dont la population n'est pas supérieure à 100 habitants. Puis voici, à notre gauche Kara, village mandingue, et à notre droite Diara ; et, à des distances de 1 à 3 kilomètres nous laissons encore à gauche, Bantaguia, Sandi e, Kassa, Mantapa, Yambou, Cota. Le bruit s'était vite répandu que nous nous rendions à N'Dama ; chacun des villages aperçus nous donnait, au passage, en manière d'escorte ou de cortège, quelques hommes qui s'adjoignaient à notre colonne. En peu de temps notre suite devint assez nombreuse. Rien de plus curieux à voir que ces guerriers, costumés sommairement, portant leur fusil à pierre à la main, et cheminant à la file indienne dans un sentier interminable.

Nous atteignons le Bankouko que nous traversons sans difficulté. Le guide me fait remarquer qu'à cet endroit même les Coniaguis ont repoussé les Peuhls de N'Dama qui étaient venus, selon leur coutume, tenter un rezzou de bétail. Le Bankouko est tout près du gros village de Boumbou, résidence du chef coniagui Tagnikeulin, dans lequel je fais arrêter la colonne. Après quelques minutes seulement de halte, la marche reprend ; nous laissons à droite le petit village de Diumpavieille, puis Goution qui se trouve à gauche du sentier mais que nous n'apercevons pas à cause de l'éloignement.

Rien d'ailleurs ne vient interrompre la monotonie de la route très plane que nous suivons et qui est d'un accès facile aux chevaux.

Vers onze heures du matin, nous abordions le premier village du pays bassari qui s'appelle Nama et qui en est la capitale. Mais notre guide m'ayant fait entendre qu'il était prudent de prendre quelques précautions, les Bassaris n'étant pas des gens très sûrs, je fais traverser à la colonne le Kantiel, un marigot situé à environ 200 mètres du village, et j'y établis le campement. En franchissant ce cours d'eau, nos hommes effarouchèrent quelques femmes qui y puisaient de l'eau. Ces femmes, affolées par tout ce monde, s'enfuirent avec précipitation vers un petit hameau que l'on apercevait de l'autre côté du marigot, à une cinquantaine de mètres : ce hameau porte le nom de Tiempou.

Lorsque les hommes de Tiempou virent les femmes

accourir avec tous les signes d'une vive panique, ils s'avancèrent vers nous, armés, menaçants, au point que je crus bien, un instant, que la poudre allait parler. Je n'étais pas seul à penser ainsi, car je m'aperçus de suite que la moitié de nos porteurs ouolofs s'étaient déjà défilés avec une remarquable prestesse.

Il n'en fut rien heureusement, grâce aux Coniaguis qui nous faisaient la conduite et aussi au fils du chef de Ouiani, lesquels parvinrent à faire comprendre à leurs compatriotes que nous ne venions pas dans l'intention de leur faire le moindre mal.

Le campement fut donc installé au bord du marigot et le déjeuner fut mis en train.

Presque aussitôt survint le chef du village qui s'excusa de l'incident qu'il n'avait pu prévenir, nous dit-il, et qui se mit à ma disposition, non seulement pour nous fournir les porteurs appelés à remplacer ceux que Toukané nous avait donnés, mais encore pour nous servir de guide. Cette première et légère alerte finissait mieux qu'elle n'avait semblé, un moment, vouloir commencer.

C'est ici que notre guide Barkégui Sambo devait nous quitter ; il désirait rentrer à Iflané avant le coucher du soleil. Je lui dois d'ailleurs ici une mention spéciale, non seulement pour les services qu'il m'a rendus, mais encore et surtout pour ceux qu'il pourrait rendre à l'influence française dans le Coniagui. Barkégui Sambo est un noir de 28 ans environ, de taille moyenne, mais qui se distingue de ses congénères par une physionomie très intelligente et très énergique. Il comprend parfaitement tous les avantages que pourraient retirer ses sauvages compatriotes de l'amitié et de la protection des Français. Il est le fils du chef Tioumagui. Au moment de mon passage dans le pays, j'avais appris que le commandant de Amdallaye se proposait de venir jusque chez les Coniaguis ; je remis donc à Barkégui Sambo une lettre que je le chargeai de faire tenir au commandant lors de sa visite prochaine, lettre dans laquelle je faisais ressortir le parti qu'il me paraissait possible de tirer de cet auxiliaire que je considère comme très sûr.

Vers trois heures de l'après-midi, je fais lever le camp, et accompagnés de notre nouveau guide, nous reprenons notre marche en avant. Nous apercevons sur notre droite le village de Tiegougou ; nous le dépassons pour aller camper à une heure plus loin, près d'un petit marigot. Bien qu'aucune démontration hostile ne soit venue troubler la sécurité dont nous jouissions depuis notre départ de Damentan, je n'en continue pas moins à prendre les précautions habituelles qui consistent surtout à faire établir, autour du camp, des sentinelles avancées. Les Bassaris eux-mêmes ne négligent pas de se garder, et placent çà et là des hommes, en vue de prévenir toute surprise. En attendant l'heure du repas du soir nous causons de la route effectuée dans la journée, et nous arrivons à cette constatation quelque peu décevante, que nous n'avons pas couvert plus de 18 kilomètres.

Les Bassaris ne diffèrent pas sensiblement des Coniaguis au point de vue de l'existence qu'ils mènent, du costume qui est tout aussi sommaire; leurs us et coutumes sont à peu près les mêmes; la langue qu'ils parlent présente seule quelques différences.

On ne rencontre chez les Bassaris aucun étranger, je n'y ai vu ni Malinkés ni Peulhs.

Le pays est bien soumis à l'autorité d'un chef, mais ce chef ne dispose que d'un pouvoir très limité et qu'il partage avec un conseil composé des chefs des villages.

L'esclavage est inconnu chez les Bassaris; chacun y vit comme il l'entend, en pleine liberté.

Il n'y a pas de cérémonie du mariage. A l'encontre de ce qui se passe à cet égard chez les Coniaguis, leurs voisins, où, comme je l'ai mentionné, la jeune fille n'est jamais consultée, le consentement de la future bassari est formellement exigé. Ce consentement suffit pour que l'union ait lieu, après toutefois que le fiancé, selon la coutume, a fait présent au père de l'épousée d'un fusil, et à celle qu'il recherche de cinq têtes de bétail, généralement des chèvres.

Cette consultation de la femme bassari dans le choix de son mari permet de penser qu'elle jouit, dans ce pays, d'une situation moins basse que celle qui est faite à la plus belle moitié du monde africain, dans le Soudan tout au moins.

D'après notre interprète, la langue bassari ressemble beaucoup plus à celle que parlent les Mandingues qu'à celle des Coniaguis, dont elle s'éloigne même très sensiblement. Ce fait est assez surprenant lorsque l'on considère que les Coniaguis et les Bassaris ont évidemment la même origine et surtout les mêmes coutumes et les mêmes mœurs.

Les villages bassaris, comme ceux des Coniaguis, sont établis sur un vaste plateau. Leur principale industrie m'a paru être celle du bétail qui y existe en assez grande quantité. Le travail de la terre n'est pas très étendu ; et, à part la culture du tabac qui fournit des récoltes à peu près égales en abondance à celles que j'avais remarquées chez les Coniaguis, les lougans de mil, de maïs, etc., ne sont pas bien importants.

Les Bassaris font un commerce d'échange avec les Dioulas qui traversent le pays, et qui leur apportent des fusils à pierre, de la poudre, quelques tissus, en retour des bœufs et des moutons qu'ils vont revendre jusqu'au Sénégal où l'épizootie a détruit la plus grande partie du bétail.

L'impression que j'ai emportée du pays coniagui-bassari est, en fin de compte, que comparé aux régions environnantes que je venais de traverser, il est de beaucoup le plus riche. Et je m'explique aisément qu'il ait été constamment l'objet des convoitises de ses voisins moins fortunés. Formé de peuplades guerrières très courageuses, ce n'est pas sans dommage que les agresseurs du Coniagui-Bassari lui ont si souvent cherché noise; la défaite a fréquemment été leur lot. Je me demande cependant si l'avenir ne réserve pas aux Coniaguis, comme aux Bassaris, le sort que subissent tôt ou tard, en Afrique, les isolés et les peu nombreux, trop près d'une puissante agglomération; pour le Fouta-Djallon et le Fouladougou, ces deux peuplades sont là comme une constante tentation, et elles seraient à un moment donné réduites en esclavage que je n'en serais pas surpris. Elles le sentent bien d'ailleurs, et se rendent compte qu'elles ont besoin d'être protégées contre leurs ennemis : notre amitié, qu'elles accepteraient, les sauverait.

Le 3 février au matin nous reprenons notre route dans la direction de N'Dama que je comptais atteindre le soir même. Le chemin que nous parcourons devient de plus en plus accidenté : coteaux rocailleux et marigots se succèdent sans interruption, rendant la route quelque peu pénible. La brousse est moins fournie, mais en revanche nous traversons successivement les marigots Benini, Balen, Gnimo, Sininé, tous remplis d'une belle eau courante et bien ombragés; la distance qui sépare ces différents cours d'eau les uns des autres varie de 2 à 5 kilomètres.

Le moment est venu, je crois, de faire prévenir le chef du N'Dama de notre arrivée prochaine : c'est d'ailleurs le conseil que me donne notre guide. J'arrête par suite ma colonne sur un petit monticule, au bord du dernier marigot que nous venons de franchir, le Sininé, et j'expédie un de nos porteurs à Tierno Hibrahima.

Ici, il faillit m'arriver un accident qui m'eût terriblement gêné si nous n'avions pu y parer à temps. A peine le camp était-il installé que nous fûmes envahis par des nuées de petites mouches qui nous rendirent, en un instant, la place intenable. Pour les éloigner, on fit allumer dans un petit arbre un feu de paille dont la fumée nous débarrassa assez vite des importuns insectes. Mais, au moment de la sieste, une étincelle tomba sur les feuilles de bambou desséchées qui jonchaient le sol et s'embrasèrent avec rapidité. Or, tous nos bagages reposaient sur ces feuilles enflammées qui furent bientôt un véritable brasier. Je crus absolument les bagages perdus. Je m'étais heureusement aperçu presque tout de suite de l'accident; l'eau était là à notre portée; les gens du Bassari, avec une promptitude que je me plais à reconnaître, conjurèrent sans trop de peine le danger.

Aussitôt remis de cette alerte, je fis préparer le départ, car je voulais arriver au premier village du N'Dama avant la nuit. Nous prenons un sentier toujours très accidenté; après deux heures et demie de marche, pendant lesquelles nous traversons les cours d'eau claire et excellente à boire, Oureta ou Boussin, Gobiré, nous abordions un petit monticule d'où nous apercevions, en face de nous, à 500 mètres, le village de Boussoura.

Notre apparition sur la hauteur d'où nous dominions

le terrain environnant, fut plutôt sensationnelle. Dès que les habitants, en effet, nous eurent aperçus, leur premier soin fut de courir à leurs armes et de venir se poster à une portée de mousquet de nous. Je commençais à me faire un peu à ces effarouchements du premier instant, du reste très compréhensibles chez ces hommes perpétuellement menacés dans leur sécurité par des voisins peu scrupuleux. J'appelle ces gens, je leur fais des signes que je m'efforce de rendre aussi rassurants que possible, mais c'est en vain : personne ne répond.

Je me décide à descendre pour essayer d'entrer en conversation avec ces « sauvages », c'est le cas de le dire. Le palabre commence; il se prolonge une bonne heure d'horloge pendant laquelle je déploie de mon mieux toutes les ressources persuasives dont je dispose. Je finis enfin par enlever l'autorisation de pénétrer dans le village.

Je n'étais point, d'ailleurs, autrement surpris de cette résistance qui se justifiait par ce fait que nous étions les premiers Européens foulant le sol du N'Dama. Puis, il ne faut pas l'oublier, la vertu dominante du noir de l'intérieur de l'Afrique est la défiance envers l'étranger quel qu'il soit. Il se connaît beaucoup d'ennemis, mais bien peu de protecteurs, ce qui le conduit à ne se départir jamais d'une sage prudence que je comprends, pour ma part, parfaitement.

Je m'informai de suite de Tierno Hibrahima; il me fut répondu que le chef du N'Dama résidait à Dama, le village-capitale du pays, et que ce village était situé à une heure environ de Boussara où nous venions d'entrer. Il fut d'ailleurs rapidement avisé de notre arrivée, car peu de temps après il nous envoya son chef guerrier pour nous souhaiter la bienvenue et se mettre à notre entière disposition.

Je fus enchanté de cette attention qui me permettait de bien augurer de la réception que nous réservait Tierno Hibrahima, mais elle ne réussit pas à endormir la vigilance qu'il est également expédient de maintenir à l'égard de ces gens si prudents. Je déclinai, par suite, l'invitation qui nous fut faite de nous cantonner dans des cases de Boussara pour y passer la nuit. Nous étions, en outre, en présence de musulmans convaincus qui ne professent pour les infidèles qu'une sympathie très relative, et qui détestent cordialement les fétichistes, tels que ceux dont était formée mon escorte de Coniaguis. Je craignais même des difficultés de ce côté, et en groupant mon monde autour de moi, à découvert, je pouvais plus facilement éviter un incident. Je choisis donc un magnifique fromager sous lequel je fis dresser le campement, et j'attendis le plus patiemment possible que l'on nous apportât les provisions que j'avais demandées pour les hommes et pour les chevaux. Comme toujours, à huit heures, rien ne nous avait été remis. Je n'avais, de plus, aucune nouvelle du porteur que j'avais dépêché à Tierno Hibrahima le matin, ce qui n'était pas sans me causer quelque ennui. Enfin tout cela finit par s'arranger : nous recevons les provisions qui sont immédiatement distribuées ; bêtes et gens mastiquent à l'envi, puis chacun s'arrange pour dormir du mieux qu'il peut et se reposer des fatigues assez dures de la journée. La nuit se passe dans le calme le plus parfait.

Le lendemain matin, à la première heure, j'étais debout. Nous étions convenus, avec du Gardier, que nous nous rendrions ensemble auprès de Tierno Hibrahima, à qui, en sa qualité de chef de la province, nous devions la première visite. Pendant notre absence, Maillat se chargeait de mettre à jour notre carnet de route. Nous n'avions pas beaucoup de chemin à faire pour joindre Tierno Hibrahima qui réside, en effet, comme les gens de Boussara me l'avaient dit, à une heure de ce dernier village.

Nous sommes effectivement bientôt mis en présence du chef du N'Dama, dont la réputation de grand maraboutisme nous était connue, et le palabre est ouvert. Il dure une heure durant laquelle je réitère les démonstrations amicales, les assurances de toute nature que j'ai déjà données partout où je suis passé, et qu'il serait fastidieux de répéter. Je n'eus garde, dès cette première entrevue, de manquer d'introduire dans la conversation mon inévitable demande de porteurs qui fut, je dois le dire, très gracieusement accueillie sans aucune difficulté. Je reçus, en outre, de Tierno Hibrahima l'affirmation que nous étions bien les premiers blancs qui passaient au N'Dama (1).

(1) Depuis notre visite, les administrateurs de Bakel, de Satadougou,

Je jette un coup d'œil sur le village dont l'agencement général n'est pas ordonné de la même façon que chez les Peulhs du Fouladougou. Les cases ne sont pas groupées par petites agglomérations, ce qui est dû, je pense, à la nature du terrain accidenté; elles sont éparses, dans tous les sens, dispersées sur une assez grande étendue, et séparées par les lougans et des espèces de barricades, très faibles, en bambou, qui ne sauraient, en aucune manière, constituer une défense quelconque. Elles ne ressemblent pas non plus aux cases du Firdou qui ont un peu l'aspect d'un chapeau chinois; je les comparerais volontiers à un énorme pain de sucre très évasé à sa base. Cette disposition a, sans doute, été adoptée par les indigènes du N'Dama, en vue de préserver leur pénates des effets des orages extrêmement violents qui sévissent dans la région pendant la saison des pluies.

Ce premier contact avec un marabout de l'importance de Tierno Hibrahima, que je considère comme l'un des lieutenants de l'almamy du Fouta-Djallon, placé à l'avant-garde de ce pays où nous allions pénétrer bientôt, m'avait entièrement satisfait, et nous déjeunâmes de bon cœur : une courte sieste nous mit tout à fait à l'aise.

Je savais que Tierno Hibrahima avait décidé de venir me rendre ma visite dans l'après-midi même. En effet,

---

du Sine et de la Casamance, venus chacun du chef-lieu de leur cercle, se sont rencontrés le 1er juin 1897 à N'Dama, après avoir exploré toutes les routes qui, de toutes les directions, convergent vers ce point.

peu de temps après, arrivait le marabout, entouré d'une suite nombreuse, composée des chefs placés sous ses ordres, de ses guerriers et de ses alliés, qu'il avait rassemblés dans un palabre institué en l'honneur des blancs venus chez lui. Il était visible que je n'avais plus affaire aux populations indifférentes, déguisant mal une sorte d'hostilité passive, que j'avais rencontrée jusqu'ici : il s'agissait de parler de la France et de mesurer jusqu'à quel degré s'élevait la sympathie que notre pays inspirait manifestement à l'homme qui commandait à tout ce monde.

Après les salutations d'usage, et lorsque toute l'assistance fut casée le plus commodément possible, le marabout, qui est un vieillard, nous explique, dans une longue conférence, que depuis plusieurs années il n'avait négligé aucune occasion de témoigner de ses sentiments d'amitié pour les Français, dont il recherche la protection. « Si je n'étais, dit Tierno, si éloigné de tout poste français, où mon âge ne me permet malheureusement pas de me rendre, j'aurais depuis longtemps gagné l'amitié de vos compatriotes. J'ai, à plusieurs reprises, prié Moussa-Molo, roi du Fouladougou, de me mettre en rapport avec le commandant du poste de Amdallaye. Moussa-Molo n'en a rien fait, ou ne s'en est pas sérieusement occupé. J'ai su que, bien au contraire, loin de favoriser les intentions que je lui manifestais d'entrer en relations avec les Français, le roi du Fouladougou prétendait, ce qui n'est pas vrai, que je faisais constamment la guerre aux Coniaguis et que je n'aimais pas la France. Or, voici deux ans que je n'ai pas fait la guerre, à moins qu'il ne s'agisse des gens du Bassari, d'un village des environs, qui venaient razzier jusqu'aux portes de mon village, et contre lesquels j'ai dû nécessairement me préserver. Encore ai-je complètement déposé les armes depuis le jour où le gouverneur m'a envoyé un exprès pour me l'ordonner. On est mal renseigné, du reste, sur toutes ces choses-là, car Mansouri, un chef du Fouta-Djallon, et Alpha Yaya continuent leurs pirateries sans être inquiétés et c'est d'eux, sans doute, que se plaignent nos voisins.

« Mais, ajoute encore Tierno, puisque Allah vous a conduits près de moi, afin que je puisse vous éclairer sur mes sentiments véritables qui sont ceux que je viens d'exposer, vous pouvez dire au grand chef blanc (le gouverneur) que je suis sincèrement l'ami des Français et que je désire me mettre sous leur protection. Voici une lettre que je lui adresse et que je vous serai reconnaissant de déposer entre ses mains, en lui disant que vous la tenez de moi, dans laquelle je lui exprime tout mon dévouement. De plus, je vais vous faire donner dix bœufs que je lui offre comme gage de mon amitié. En échange, je vous demande, si vous le pouvez, de me remettre un pavillon français qui sera pour nous, gens de N'Dama, pour nos alliés, pour tout le monde enfin, le signe certain que nous sommes désormais les amis et les protégés des Français. »

Ce long discours, que je ne fais que résumer brièvement ici, me fut, je l'avoue, très agréable à entendre, car je ne m'attendais pas à trouver chez ce vieux noir qui n'avait jamais vu aucun Européen, une connaissance si exacte, une vision si nette de la prépondérance qui s'attache au renom français dans ces régions éloignées de notre influence.

Je remerciai donc chaleureusement Tierno Hibrahima des excellentes dispositions qu'il venait de manifester à l'égard de la France; je lui dis que, pour ma part, j'en étais très touché et que je rapporterais scrupuleusement ses paroles à M. le gouverneur général en lui remettant la lettre qu'il m'avait confiée pour lui. Je l'engageai à persister dans ses bonnes intentions, lui assurant que l'amitié de la France le garantirait contre les entreprises de tous ses ennemis, quels qu'ils fussent, et procurerait à son pays les bienfaits dont jouissent les peuples civilisés chez lesquels la paix, le travail et le respect de la propriété d'autrui tiennent la première place.

Puis je fais apporter un pavillon que je remets solennellement à Tierno qui le déploie et l'élève pendant que chacun se découvre et salue le glorieux emblème, image sacrée de notre chère patrie.

Les deux cents guerriers amenés par le marabout, tenant leurs armes à la main, l'entourent et font salamalec pour marquer la satisfaction qu'ils éprouvent de l'acte accompli par leur chef... La scène ne manque pas d'un certain caractère.

Au moment où cette petite cérémonie patriotique prenait fin, je tirai Tierno à part et m'efforçai de lui expliquer que je ne pouvais emmener les dix bœufs qu'il destinait au gouverneur. Je lui fis comprendre qu'ayant encore une longue route à faire, ce bétail me créerait de grands embarras, mais qu'il suffisait qu'il eût eu l'idée de l'offrir au gouverneur pour que celui-ci soit satisfait de l'attention.

Je n'avais plus rien à faire au N'Dama que je quittai le lendemain matin. Je ne pus cependant me remettre en route avant six heures du matin, car Tierno avait tenu à venir nous adresser ses derniers souhaits de bon voyage et à nous faire accompagner de son propre fils jusqu'à moitié chemin de la première étape que nous devions effectuer dans la matinée.

La route que nous suivons est des plus difficiles; elle est presque impraticable pour les chevaux; montées et descentes se succèdent sans interruption sur un sol rocailleux, sillonné de marigots, de torrents, de surfaces marécageuses. Nous n'avons pas passé, dans cette journée fatigante, moins de trente-sept marigots, parmi lesquels je citerai les principaux, que les indigènes appellent: Bousoura, Komodidigo, Kodiougol, Kamodoudio, Couréniaki, Vélia, avec, tout proche, le petit village de Tiankoumaya, Donidou, un torrent qui se trouve à une centaine de mètres d'un autre village nommé Tiancoubère.

C'est là que j'arrête ma colonne pour y passer la nuit.

Le 6 février, à six heures du matin, nous repartons. Trois heures après nous entrions à Missira qui est le village natal de Tierno Hibrahima, et nous y faisions une petite halte pour prendre de nouveaux porteurs. La marche devient absolument pénible; nous cheminons sur des cailloux très désagréables; les coteaux sont plus nombreux, les pentes en sont plus raides; la chaleur est accablante. Nous atteignons enfin le village de Gaétratou où je décide que l'on déjeunera, en attendant que le soleil ait un peu perdu de sa force.

Depuis quelque temps déjà je n'avais eu l'occasion de signaler quelque anicroche provenant du fait de nos convoyeurs. Je n'avais rien perdu pour attendre, car ici nos porteurs de la précédente étape s'en allaient tranquillement, sans même nous prévenir. Du Gardier s'en aperçut à temps et, par une poursuite vigoureuse, réussit à en ramener la plus grande partie. Ce ne fut pas, d'ailleurs, sans dommage pour lui, car dans l'ardeur de la course il s'embarrassa dans ses bottes de cheval et fit une chute sur les rochers en pente où il dévalla sur une vingtaine de mètres. Cette dégringolade, où du Gardier pouvait se blesser assez sérieusement, eut le don d'exciter chez nos excellents noirs des transports d'allégresse, enchantés qu'ils étaient de voir un blanc exécuter une si belle culbute.

De la hauteur où se trouve campé le village, nous embrassons une grande étendue de terrain; nous avons devant nous une chaîne ininterrompue de montagnes de différentes altitudes que notre guide nous dit être, au sud, ce qu'il appelle les roches de Léséré, de M'Poké, de Singuité; au sud-est, les montagnes du Ouara; derrière celles de Médina-Mali : j'ai le temps d'en prendre un cliché.

Le soleil étant un peu tombé, nous remontons à cheval par un chemin atroce où nos montures ont beaucoup de peine à mettre un pied devant l'autre. Voici le village de Courémaka et à quelques kilomètres de lui le marigot du même nom. La largeur de ce marigot est d'une trentaine de mètres, et il est peu profond; mais ses bords formés d'une argile compacte et glissante sont à pic. Aussi nos chevaux éprouvent-ils de grandes difficultés à grimper, et sommes-nous obligés de leur faire prendre pied sur la terre ferme en nous servant de cordes et de lianes. Il est clair que la partie la plus ingrate de notre voyage commence.

Enfin tout le monde étant passé sans accident, nous apercevons devant nous les champs du village de Poqui, qui prennent le nom de « Yayatou ». C'est là que nous allons passer la nuit. Je ne parviens qu'avec beaucoup de peine à obtenir des vivres pour nos hommes; cette région du Fouta est, en effet, très pauvre et les gens de Poqui n'ont guère pour toute nourriture que du manioc et du maïs. Ce n'est pas là l'ordinaire de nos porteurs qui font la grimace devant ce brouet... A force de pourparlers, nous finissons par avoir quelques poulets et à engager des porteurs pour le lendemain.

L'état des chemins est devenu si difficile qu'il ne faut plus songer à se mettre en marche avant le jour. Nous ne levons le camp qu'à six heures, et nous recommençons l'habituelle ascension des coteaux rapides et rocailleux et l'inévitable passage des marigots. Voici le marigot de Lébéré, qui coule de l'est à l'ouest; plus loin le rocher du Léséré, dont le sentier à pic, couvert de grosses pierres, éreinte nos chevaux. La montée de ce sentier nous demande une heure. Nous nous reposons dix minutes sur le plateau et j'en profite pour en tirer un cliché. Je jette un coup d'œil derrière moi; je distingue la route que nous venons de parcourir; au fond, les montagnes du N'Dama.

A onze heures nous entrions dans le grand village de Poqui, où nous déjeunons. Je dis « grand village », à cause surtout de son étendue, parce que sa population ne m'a pas paru supérieure à deux cents âmes. Nous étions ici, me dit le chef du village, dans la province de Ouara, placée sous la domination de Moma Ahmadi Diany.

A partir de ce moment, je ne pourrais que répéter fastidieusement les menus incidents de la route, toujours la même, que nous avons parcourue en quittant le N'Dama pour nous diriger sur le Fouta-Djallon proprement dit. Ces incidents consistent uniquement dans l'impraticabilité des pays que nous traversons, tant les chemins sont mauvais, tant les cours d'eau sont nombreux et difficiles à franchir, tant, enfin, nous avons de peine à nous ravitailler.

Nous ne nous arrêtons nulle part, que le temps strictement nécessaire pour dormir et manger. Je me bornerai donc à citer, au courant de la plume, les noms des localités que nous avons rencontrées jusqu'à Fété Yambi. C'est d'abord Marnia, petit village situé non loin d'un joli cours d'eau, le Bondo, où notre interprète Maillat a failli perdre son cheval qui s'était abattu sur la roche glissante. Plus loin, un gros village, le Bendougou, admirablement placé sur une hauteur qui domine une vaste plaine d'une étendue que j'estime être de 30 kilomètres; plus loin encore le village de Tiévihel, dont la population est d'environ trois cents habitants, niché au pied du pic Ouara qui a la forme d'un pain de sucre parfait.

Le 10 février, nous passons à Vendousongo, et nous couchons au village de Bolia, qui est une agglomération assez importante de Peulhs, parmi lesquels nous aperçûmes quelques Saracolés qui y exercent, paraît-il, la profession de teinturiers. Ce sont eux qui mettent en couleur la guinée servant à la confection des pagnes; cette guinée est, en même temps, comme on le sait, la monnaie de troc en usage pour l'échange des marchandises.

Le lendemain, nous entrions dans Baconi, un village important, fort de douze cents âmes, habité par des Diarankés, où dominent les Mandingues et les Saracolés, mais parlant la langue de ces derniers. Je dois noter, en passant, que nous avons été parfaitement reçus par le chef de Baconi qui nous a pourvus abondamment de vivres, tant pour nos hommes que pour nos animaux.

Le village possède, d'ailleurs, de vastes lougans de mil, d'arachides, de riz, fort bien entretenus, du bétail en grande quantité.

Les Diarankés sont de fervents musulmans, pratiquant leurs devoirs religieux avec fanatisme.

Le soir nous couchions au petit village de Cadiora, après avoir laissé Maillat et le boy de du Gardier, tous deux pris de fièvre, au village précédent qui se nomme Boudonbolo. Le chef de Cadiora, en plus d'une réception cordiale, m'offrit une calebasse pleine d'oranges qui me fit, je l'avoue, extrêmement plaisir : je ne pense pas avoir savouré jamais ce fruit délicieux avec autant de gourmandise. Je répondis au procédé aimable du chef de Cadiora par un présent de perles et de poudre qui ne lui déplut pas non plus.

J'estime à trois cents le nombre des habitants de Cadiora, dont la moitié tint à nous accompagner, au moment du départ, à mi-chemin.

Maillat et le boy nous ayant rejoints, nous franchissons la rivière Lobaye qui coule du N.-N.-E. au S.-S.-O., puis le petit village de Acoulesiandi, et 2 kilomètres plus loin la rivière de Konkonquilon, dont le cours suit la même direction que la précédente; enfin le village de Sariha. Quelques instants après nous, se présentaient des dioulas venant du Badon et se rendant à

Yambering. Je les fais appeler et leur demande quelques renseignements sur la route qu'ils viennent de parcourir; ils m'affirment avoir marché pendant quatorze jours de Badon à Sariba. Ils sont accompagnés de deux femmes captives; ils ont un cheval et leur pacotille comprend des étoffes qu'ils vont échanger contre des bœufs. Ces gens sollicitent notre protection pendant la route qui leur reste à faire; je leur permets très volontiers de suivre la colonne.

Nous continuons dans le nord-est, passant par le village de Tiouboroncoto, placé sur le versant de la montagne Tankata, où je prends quelques porteurs, par celui de Casahoro qui mérite une mention spéciale. Entre les deux villages nous avions rencontré une belle cascade que les Peulhs appellent Touma; elle se trouve sur le flanc du pic Yaniga, ayant à sa gauche le pic Lansa qui, à distance, prenaient la forme de deux vastes dômes. Nous avions également aperçu, ce qui nous avait égayés un peu, une troupe de singes cynocéphales qui se mirent à hurler en nous voyant, et à nous faire les plus grotesques grimaces. La tentation était trop forte de ne pas essayer l'excellence de nos carabines Marlin, qui ne réussirent qu'à leur faire prendre une fuite précipitée et désordonnée.

Je reviens au village de Casahoro qui m'apparut comme un décor de théâtre, agencé dans un coin de terre africaine par un habile metteur en scène. Au milieu du village, encadré de montagnes de tous côtés, l'on a bâti les cases, dans un alignement parfait; ces cases sont d'une propreté irréprochable, et ce n'est pas là une remarque banale lorsqu'il s'agit des habitations des noirs; on a planté partout autour d'elles des orangers qui sont, à ce moment, chargés de véritables bouquets de fruits murs et dorés qui reluisent dans ce soleil de fin de jour; à gauche, des lignes de bananiers dont les larges feuilles vertes retombantes reposent la vue; à droite, de beaux manguiers en fleurs; partout, des jardins de cotonniers tracés et dessinés dans un ensemble qui dénote le souci de la régularité; tel est le coup d'œil vraiment ravissant que présentait à nos yeux le très joli village de Casahoro.

Et, ce qui ne gâte rien, ce petit paradis est commandé par un chef dont les mœurs se sont certainement adoucies dans ce cadre charmant qui respire la plus douce tranquillité, car il se multiplie pour nous être agréable. Je regretterais de ne pas transmettre son nom à la postérité; ceux qui, après moi, auraient affaire à Boubaka-Sy, chef de Casahoro, pourront dire que je n'ai rien exagéré en parlant, comme je le fais, de son riant village et de son amabilité.

Tout à coup, pendant que nous faisions la sieste, peuplée de visions bucoliques, nous sommes réveillés par un bruit assourdissant que je ne m'explique pas tout d'abord... Le camp est en émoi; c'est le tam-tam de guerre, le *tabala* qui résonne; mes hommes sautent vivement sur leurs armes et viennent se ranger devant la case que j'occupe. J'envoie immédiatement demander à Boubaka-Sy ce que cela signifie... Bien peu de chose, répond notre hôte : des bœufs qui paissaient dans le parc, effrayés par l'approche d'un fauve se sont enfuis, et je fais taper du *tabala* pour que les gens du villages aillent les reprendre. Sans mettre en doute l'explication, je pris la précaution de faire une ronde dans chaque case du village, où je ne remarquai, en effet, rien d'anormal, et je fis doubler les sentinelles pour la nuit, qui se passa, je me hâte de le dire, dans le calme le plus absolu. J'aurais été désolé qu'un incident désagréable vînt gâter l'impression pleine de charme que j'ai emportée de ce délicieux petit coin.

C'est dans le sud que nous piquons maintenant, droit sur Yambering. Il fait une chaleur torride. Nous déjeunons au village sarracolé de Toubacoto. Le chef de ce village nous apprend que deux routes différentes conduisent à Yambering : la première par la montagne qui est un peu plus courte, et parsemée de villages ; la seconde, par la plaine, à peu près déserte, où n'existent que des champs, cultivés par quelques esclaves. Je me décide néanmoins pour celle-ci, moins fatigante ; nous filons d'une traite jusqu'à Doulèye, après avoir franchi le rivière Lakata, le marigot Boucouta, traversé le petit village de Tianguédi, encore un marigot, le Tombidouké, où, me dit notre guide, nous commençons à entrer dans la région du Tankata ; puis le village de Dinquetin, trop petit pour pouvoir nous ravitailler, et enfin le village de Doulèye.

C'est à Doulèye qu'une petite captive se présente à moi, implorant protection. Elle se nomme Moussou, est originaire de Timéné, et me demande de l'emmener jusqu'à Timbo, où elle veut se faire libérer, « car, dit-elle, j'ai été dérobée à mes parents lorsque j'étais toute petite, et je veux les revoir. » Je la rassure et je l'incorpore dans la colonne, où elle suivra jusqu'à Timbo; on lui donne à manger, et comme elle se plaint du froid, on lui passe une petite camisole pour lui couvrir au moins le haut du corps.

Le 15 février, dans l'après-midi, et par une chaleur qui semble augmen ous traversons la rivière Tiéli, et c'est peu de tem après que j'ai failli me rompre le cou. Nous cotoyions un ravin dont le vide ne disait rien de bon à mon cheval, si bien qu'à un moment donné il appuyait tellement du côté opposé qu'il me broya à demi le genou contre un arbre qui bordait la rampe. D'une saccade sur la bouche j'essayai de le déplacer, mais, affolé, il fit un écart qui le précipita dans le ravin, où il se broya les reins. J'avais juste eu le temps de me cramponner à une branche heureusement solide de l'arbre... il était temps. Je descendis jusqu'à mon pauvre « Dakar », que j'achevais d'une balle dans la tête.

Le remplacement de mon cheval étant effectué, nous continuons sur Pounaya que nous ne faisons que traverser, puis sur Bohé, où nous devons passer la nuit.

C'était décidément le jour aux incidents. A peine, en effet, avions-nous commencé à procéder à notre installation, que les propriétaires de la jeune captive Moussou nous assourdissaient de leurs réclamations. J'essayai de leur faire comprendre gentiment que nous ne pouvions pas leur remettre cette enfant qui était venue se confier à notre protection, et qui n'avait pas, en définitive, été acquise légitimement. Ils ne voulaient rien entendre; l'un d'eux même, plus hardi, ne craignit pas de menacer du Gardier de son fusil. Je donnai l'ordre à mes hommes de désarmer l'irascible personnage et de l'amarrer solidement, me réservant de l'emmener à Timbo. Mais son père vient me demander sa grâce que je lui accorde magnanimement, non toutefois sans lui confisquer son fusil en guise de sanction à la faute qu'il avait commise.

Le 16, vers dix heures du matin, nous entrions dans Yambering, après avoir traversé depuis le jour les trois rivières Midiré, Tiédalo et Cotidialo.

Yambering ou Dyamberin est un important village peulh d'environ 1,200 habitants, dont les cultures peu étendues ne comprennent que du mil et du maïs. En revanche, les orangers, les manguiers, les bananiers y existent en grand nombre. Mais, je ne me trompe pas, voici l'homme de Boké revenu, le maître de la captive. Cette fois, je lui conseille de se retirer au plus vite s'il ne veut être ficelé de nouveau, et faire décidément le voyage de Timbo dans un équipage qui ne sera pas agréable pour lui. Ce raisonnement paraît le convaincre, et il s'en va.

Nous faisons route dans le sud-ouest; le temps est couvert, comme si l'orage était proche. L'hivernage approche, il est vrai, car les pluies font leur apparition vers la fin de février et nous sommes le 16. Après avoir franchi la rivière Mélicouri, passé au village de Sare-pandié qui est situé au pied de la grande montagne que les noirs appellent Méteré, nous nous dirigeons sur la Gambie. Les rivières se font plus nombreuses; nous rencontrons successivement le Baramaka, le Lourou, le Bayou; plus loin, le village de Jéguelin, que nous délaissons à cause de la chaleur, pour aller camper sur les bords de la grande rivière Omba, où Maillat, en la traversant, est entraîné par le courant qui le projette sur une roche et se fait une assez forte blessure au front.

Nous nous installons sur une sorte de plateau de roches, au milieu de la rivière, dans un site magnifique. Malgré sa blessure, notre interprète, en guise de distraction, propose de traverser la rivière d'une rive à l'autre, sur un pont de bambous en complète vétusté, dont les extrémités sont fixées entre deux grands arbres. Cette passerelle branlante est élevée à 7 mètres au-dessus du niveau de la rivière, et le moindre faux pas, l'effondrement d'un bambou, serait inévitablement suivi d'un plongeon dans la rivière, peu profonde à cet endroit. C'est, en somme, un jeu assez dangereux auquel personne ne semble disposé à se livrer. Maillat qui veut avoir le dernier mot, m'offre de parier ferme qu'il franchira la difficile passerelle sans encombre : j'accepte, et nous fixons le pari à 100 francs. Nos hommes, très intéressés, battent des mains, convaincus, comme moi d'ailleurs, que Maillat va piquer une tête sérieuse. Il n'en est rien, crânement notre interprète s'engage sur le frêle plancher qui roule et tremble sous ses pieds, et il atteint l'extrémité de la passerelle sans aucun accident, gagnant loyalement son pari.

Le soir, nous allions coucher au joli petit village de Sarabaor, après avoir traversé, dans l'après-midi, deux cours d'eau assez importants, le Diébiti et le Diéba. C'est à Sarabaor que j'ai dû montrer les dents à messieurs nos porteurs, qui avaient contracté la mauvaise habitude de chaparder ce qu'ils pouvaient dans les villages où nous séjournions. Je les prévins que le premier d'entre eux qui serait pris dérobant quoi que ce soit, subirait une amende de 50 francs au profit du chef du village et en dédommagement du vol qui aura été commis. Ils prennent nécessairement fort mal cette décision que je maintiens énergiquement, les menaçant même de les congédier tous.

Depuis plusieurs jours la température a sensiblement baissé; il fait un froid de loup — de loup d'Afrique s'entend — pendant la nuit; mais, par compensation, dès que le soleil paraît, il fait exagérément chaud. Nous traversons le Cobécouri, pour arriver au gros village de Saré-Kadé, où je prends des porteurs. Puis, nous filons sur Koussan pour gagner la route de Fété-Yambi et de Pelimini, au delà duquel nous devions traverser la Gambie. Notre guide — cela arrive quelquefois — se trompe de direction et nous conduit sur Labé, nous obligeant à rebrousser chemin et à regagner, par un sentier de traverse atroce, le village de Lingué. Un ennui n'arrivant jamais seul, pareille mésaventure est survenue à du Gardier, qui a pris, sur les indications du guide que je lui avais laissé à Koussan, où il était resté pour le ravitaillement, ce même chemin de Labé. J'en suis heureusement prévenu à temps, et je puis le faire aviser de venir nous rejoindre à Fété-Yambi, où je compte passer la nuit. Après le déjeuner, nous traversons la rivière Comba, assez large à l'endroit où nous la franchissons; un peu plus tard les petits cours d'eau Gnialama, Doubère, Doubère village; enfin, à ses pieds, dans une vaste plaine et à côté de la belle rivière qui porte son nom, le village de Fété-Yambi, où nous rentrons à six heures.

A l'accueil qui nous est fait, je reconnais de suite que Fété-Yambi n'est pas habité par des Peulhs; la population est, en effet, composée de Diarankés, qui pratiquent largement, à l'égard de l'étranger, les lois de l'hospitalité : ceux-ci, comme de coutume, nous ont fourni abondamment tout ce qui nous était nécessaire.

La nuit, toujours aussi froide, se passe sans aucun

incident; mais au réveil du Gardier n'était pas arrivé, ce qui n'était pas sans me causer quelque inquiétude. Je ne pouvais cependant retarder la marche de ma colonne, et je donnai l'ordre du départ, au petit jour. A ce moment du Gardier nous rejoint, et nous filons de l'avant vers Pelimini, après avoir traversé la rivière Orélaka. Je comptais prendre des porteurs à Pelimini, mais les gens du village nous apprennent que le chef était parti pour Timbo, où devaient se réunir tous les chefs du Fouta pour assister à la nomination d'Alpha Yaya, roi du Fouta-Djallon, et à sa reconnaissance par les Français. Les Peulhs de Pelimini nous reçoivent, du reste, fort mal, et je me décide à continuer la route jusqu'à Kinsi à travers cours d'eau, tels Orgala, Konda et villages de peu d'importance, comme Ompà, Silamankaya. A quatre heures, nous cheminions de nouveau, pour atteindre la Gambie que nous devions passer avant la nuit. Voici enfin le fleuve qui prend, à l'endroit où nous l'abordons, le nom de « N'Dimma »; sa largeur est d'environ 30 mètres; il est peu profond, mais le courant en est très rapide. J'imagine que pendant la saison des pluies le passage doit en être fort dangereux. La Gambie coule ici sur un lit de graviers très fin; elle est encombrée de troncs d'arbres, constamment charriés par le courant; nous la franchissons néanmoins sans trop de difficultés, pour aller coucher au petit village de Tiangué, placé sur ses bords au sud-est de Kinsi.

Cette fois, nous prenons en plein sud sur Timbo qui, d'aprés notre guide, n'est plus qu'à six jours de marche.

Je pourrais continuer cette interminable nomenclature de cours d'eau et de villages que j'ai rencontrés à travers le Fouta-Djallon, où ils deviennent plus nombreux et plus rapprochés au fur et à mesure que nous avançons vers Timbo. L'intérêt que j'ai eu à les noter sur mon carnet de voyage s'explique encore, mais je craindrais de fatiguer le lecteur en l'obligeant à les parcourir de nouveau ici avec moi. D'autant que cette chevauchée de sept jours — car nous avons dépassé d'un jour les prévisions de notre guide — n'a été marquée par aucune particularité digne d'être relevée. La seule remarque que j'ai pu faire, et elle est de tous points exacte, c'est qu'il n'est pas de difficultés qui ne nous aient été créées par le mauvais vouloir des Peulhs, chaque fois que nous nous sommes arrêtés dans leurs villages, alors qu'au contraire nous avons toujours rencontré chez les Diarankés, non seulement la meilleure bonne volonté, mais encore un désir évident d'être agréables et utiles à leurs hôtes de passage.

Le 27 février, à six heures du soir, nous entrions dans la capitale du Fouta-Djallon, qui était le but principal du voyage que j'avais entrepris. Nous avions atteint ce but, non sans doute sans quelques fatigues, mais en résumé sans trop de difficultés.

Dès notre arrivée, nous avons reçu de M. l'administrateur de Beeckman, installé depuis quelque temps dans Timbo, le plus cordial et le plus aimable accueil, ainsi que de M. le capitaine Desdouis, du lieutenant Lafitte de l'infanterie de marine, du docteur Miquel.

M. de Beeckman nous case dans le télégraphe qui est placé sur un mamelon d'où l'on a devant soi le panorama complet de la ville, dont je parlerai tout à l'heure.

Le premier Français qui visita la capitale du Fouta-Djallon fut, je crois, le lieutenant de spahis Hecquart : c'était en 1851.

Neuf ans plus tard, en 1860, le lieutenant d'infanterie de marine Lambert accomplit un grand voyage au Fouta-Djallon et rapporta les premiers renseignements exacts sur le pays et sur Timbo.

Le Fouta reste vingt et un ans sans être visité par nos compatriotes, et ce n'est plus qu'en 1881, que le docteur Jean Bayol, accompagné de M. l'administrateur Noirot, fait son apparition à Timbo, où il constate que le souvenir des deux premiers voyageurs n'est pas effacé dans la mémoire des Peulhs.

M. Noirot raconte, en effet, dans la relation qu'il a publiée sur la mission Bayol, que s'entretenant avec Alfa Mahamadou-Paté, à cette époque héritier du trône des Sorya, celui-ci lui dit :

« J'étais enfant quand Hecquart est venu voir mon père, l'almamy Oumar : j'ai encore la lettre qu'il lui écrivit lors de son retour au Sénégal; je me rappelle bien mieux Lambert, j'avais alors dix-sept ans; c'était un bon garçon. Le cheval qu'il envoya à mon père vécut douze ans, j'en ai conservé le harnachement. »

La mission dont M. Bayol était chargé, se ressentit sans doute de ces souvenirs favorables, car il conclut, comme on le sait, le 14 juillet 1881, avec les almamys du Fouta, un traité avantageux qui plaçait le pays tout entier sous le protectorat de la France, et assurait à notre commerce une situation prépondérante. Le traité Bayol stipulait cependant qu'en retour des avantages qui nous étaient concédés, la France paierait une rente assez élevée aux almamys et à leurs chefs secondaires, ce qui ne laissait pas, en fin de compte, de rendre l'arrangement assez dispendieux.

Aussi sept ans plus tard, en 1888, le lieutenant Plat, de l'infanterie de marine, qui remplaçait le capitaine Oberdof, décédé, se rendait-il au Fouta, et signait-il un nouveau traité qui faisait disparaître la clause onéreuse que M. Bayol avait dû accepter.

A la fin de cette même année, le capitaine d'infanterie de marine Audéoud, aujourd'hui lieutenant-colonel (1), traversait le Fouta-Djallon de part en part, de Dinguiray (Soudan) à Konakry.

A partir de ce moment, le Fouta-Djallon était ouvert à l'influence de la France, et plusieurs missions visitèrent Timbo.

Toutefois, l'on essaya vainement d'y placer un rési-

(1) Le colonel Audéoud vient d'être désigné pour aller exercer les fonctions de lieutenant-gouverneur du Soudan français.

dent à demeure, et en 1893, M. de Beeckman, qui avait précisément été désigné pour occuper ce poste important, dut y renoncer. Ce furent, je crois, nos affaires avec Samory qui nous obligèrent à temporiser. Lorsque celui-ci fut rejeté dans l'est par le colonel Combes, rien ne s'opposa plus à ce que nous prissions dans le Fouta-Djallon la situation que nous y recherchions, et, en 1895, M. de Beeckman fut de rechef envoyé à Timbo avec le capitaine Aumar, de l'infanterie de marine et deux compagnies de tirailleurs sénégalais et soudanais, dont le commandement lui était confié.

Les choses ne devaient pas, en effet, aller toutes seules, et il fallut bientôt s'en prendre à l'almamy résidant à Timbo, le fameux Bokar Biro, qui obligea M. de Beeckman et le capitaine Aumar à former une colonne à son intention. Ce Bokar Biro, qui avait réuni près d'un millier de guerriers, crut qu'il viendrait facilement à bout des 80 tirailleurs que commandait le capitaine Aumar, avec le lieutenant de Fraysseix et les sergents Vernhet et Bardet pour seconds.

L'almamy et son fils Mody Sory commandaient en personne les Peulhs, qui se présentèrent en avant du village de Porédaka, où nos tirailleurs les avaient rejoints par une marche forcée de nuit. Dès les premiers feux de salve, un grand nombre de guerriers peulhs fut mis hors de combat; mais par un mouvement tournant qui mit face à face, à 80 mètres, les hommes de Bokar Biro et ceux du capitaine Aumar, les fusils français firent de tels ravages dans les rangs des Peulhs que ceux-ci se mirent bientôt en complète déroute, laissant sur le terrain plus de 200 hommes, et parmi eux, le fils de l'almamy, Mody Sory. Quelques jours plus tard, Bokar Biro lui-même se laissait surprendre dans un petit village, avec sept de ses sofas, était tué, et l'on rapportait sa tête à Timbo. On trouva sur lui une somme de 4,000 francs.

Grâce à une entente qui ne se démentit pas un seul instant entre l'Administrateur et le commandant des troupes, cette affaire fut menée avec une rapidité telle, qu'elle produisit la plus salutaire impression sur l'esprit des indigènes qui ne professent, comme on le sait de véritable respect que pour la force.

A la suite de ces événements, M. le gouverneur général Chaudié se rendit à Timbo, où il fit couronner les deux almamys régnants qui avaient été dépossédés par Bokar Biro, et qui avaient utilement servi la cause française.

Conformément à la constitution de l'Etat peulh, l'almamy Omarou Bademba, principal chef de la famille souveraine des Alphayas, et l'almamy Ibrahima Sory Ellely, principal chef de la famille également souveraine des Soryas, détiendront alternativement le pouvoir de deux en deux ans, avec l'assistance d'un conseil des Anciens et sous le contrôle du résident de France à Timbo.

L'almamy Omarou Bademba ayant été reconnu le 10 décembre 1896, exerce actuellement le pouvoir qu'il cédera le 10 décembre 1898 à Ibrahima Sory Ellely, qui a été intronisé le 7 février 1897, c'est-à-dire vingt jours avant mon arrivée à Timbo. Le premier de ces hommes est de taille moyenne, pas beau, borgne, et, malgré son origine peu intelligent, pour ne pas dire absolument nul; le second, au contraire, est grand, solide, robuste, et passe pour intelligent et avisé : c'est, d'ailleurs, celui qui inspire le plus de confiance à nos distingués compatriotes, très au fait des hommes et des choses de cet immense pays qu'ils viennent de placer sous la domination de la France avec une habileté et une promptitude que j'apprécie avec d'autant plus de plaisir que je viens de le parcourir dans toute sa largeur et que j'en connais à peu près les ressources et les richesses.

M. le gouverneur général Chaudié, qui avait reconnu l'urgence d'assurer l'exécution complète de notre prise de possession, a poursuivi avec l'honorable M. Ballay l'œuvre commencée par ses prédécesseurs. Presque dès son arrivée à la tête du gouvernement de l'Afrique occidentale française, il s'est préoccupé de donner une vigoureuse impulsion à notre installation définitive dans le Fouta-Djallon, trait d'union naturel entre nos possessions du Niger et la Guinée française, qui sont, au point de vue commercial, une des parties intéressantes du Sénégal.

« S'il se forme jamais un grand empire colonial dans cette partie de l'Afrique, a écrit le général Faidherbe, le centre et le chef-lieu politique en seront sans doute dans le Fouta-Djallon; aussi ne devons-nous pas perdre de vue cette intéressante contrée. »

Cette opinion de notre illustre compatriote, partagée par beaucoup d'autres hommes d'une haute compétence, tels que le général Gallieni, ancien commandant supérieur du Soudan, se base sur diverses considérations qu'il n'est pas difficile d'établir.

Occupant le massif montagneux qui sépare les divers bassins de la Guinée française de ceux du Niger, du Bafing et de la Falémé, le Fouta-Djallon est un pays très accidenté, fertile, bien arrosé, relativement sain et riche en produits de toute espèce. Sa population est de 600,000 habitants.

Il tient la tête de toutes les rivières principales descendant vers la mer comme vers le Sénégal et le Niger; il commande donc, au point de vue commercial, tout le mouvement des caravanes qui a lieu vers nos comptoirs de la Guinée.

Pour tirer tous les fruits de notre pénétration au Niger, il faut que, par le Fouta-Djallon et l'extrême haut Niger, nous donnions la main à nos établissements de la Côte d'Ivoire (Assinie et Grand-Bassam), que par le Niger et le Macina nous arrivions à consolider nos relations avec le moyen Niger, l'empire de Sokoto et les contrées du lac Tchad; enfin que par nos établissements de Tombouctou, et à la limite du Sahara par nos établissements du banc d'Arguin et des environs du cap Blanc, nous dirigions tout le commerce des caravanes vers nos établissements français, qu'ils soient algériens, nigériens ou sur la mer.

Tel est, je crois, le programme d'ensemble poursuivi par l'administration française en Afrique. Et je partage l'opinion de ceux qui pensent que ce programme seul pourrait nous permettre de récupérer un jour les sommes considérables que nous a coûtées la conquête militaire du Soudan.

Il faut que le commerce de l'intérieur trouve, par tous les moyens, des débouchés sur la mer. Une direction intelligente — qui ne fera certainement pas défaut — de la situation actuelle du Fouta-Djallon, peut amener rapidement ce résultat, qui permettra de donner à la Guinée française une grande extension commerciale.

Nous avons séjourné sept jours à Timbo; pendant ce temps nous avons pu, à loisir, visiter la ville en détail. Elle est bâtie au pied d'une colline de 2 à 300 mètres de hauteur, à deux sommets, que les Peulhs ont appelée le grand et le petit Hélélya; elle s'étend du nord-est au sud-ouest, sur une longueur d'environ 500 mètres. Sur un petit plateau, situé à 1 kilomètre de Timbo et dominant la ville au sud-ouest, on construisait le nouveau poste militaire et la résidence qui commanderont admirablement la position. Ces constructions, qui ont dû être achevées en avril, ne gênent en rien les indigènes, grâce à leur éloignement qui leur donne toutes facilités pour la reconstruction de la cité, à demi détruite par l'incendie pendant les opérations militaires.

Nous visitons successivement le palais des Almamys, la grande mosquée, l'arbre de guerre, le bois sacré. Bokar Biro était installé dans un beau tata, environné d'une petite muraille en pierre et en terre de 2 mètres de hauteur; l'entrée principale de cet ouvrage, orientée au nord, regarde la grande mosquée, couverte en chaume. Le vestibule, si je puis dire, du tata est formé d'une grande case ayant quelque ressemblance avec une pagode chinoise du genre de celle que possèdent les forts tonkinois; le style, en tout cas, en est fort original. J'avais remarqué au milieu du tata un monticule de terre et de pierres amoncelées, dont je ne m'expliquais pas bien la destination. L'on m'apprit que cet amoncellement de matériaux figurait, en quelque sorte, un monument élevé là, il y a quelques années, en l'honneur de la famille des Soryas.

Une impression qui m'est restée de Timbo, c'est que la ville est d'une saleté dégoûtante, et que ce n'aura pas été une mince besogne que de la nettoyer.

La cordiale et affectueuse hospitalité que j'ai reçue de M. l'administrateur de Beeckman m'a permis de me rendre en excursion à Sokotoro, où m'ont obligeamment conduit le lieutenant Lafitte et le docteur Miquel. Ce village frais et coquet, rempli d'orangers, servait de « maison de campagne » à Bokar Biro. Bâti dans un joli vallon, à une courte distance du fleuve Bafing, il sert actuellement de cantonnement à nos tirailleurs. Un détail qui m'a frappé, c'est que je n'avais encore vu, nulle part, de cases aussi grandes et aussi belles que celles qui ont été élevées à Sokotoro.

Notre séjour à Timbo tirait à sa fin; nous avions vu tout ce que nous avions à y voir; nous y avions passé les fêtes du Rhamadan; nous étions parfaitement reposés, car nous avions vécu ces sept jours dans une abondance que nous ne connaissions plus depuis quelque temps; il ne nous restait plus qu'à remercier encore une fois M. de Beeckman et les officiers en résidence dans la capitale du Fouta-Djallon, des soins dont ils nous avaient entourés et dont je garde le plus agréable souvenir. C'est ce que nous fîmes le 4 mars au soir, car j'avais fixé le départ pour le lendemain à la première heure du jour.

DE

Timbo à Konakry

Le 5 mars, à cinq heures du matin, nous quittions, en effet, Timbo, en route pour Konakry, avec une perspective d'environ 300 kilomètres pour atteindre le chef-lieu de la Guinée française, but final de notre itinéraire. Le docteur Miquel, par une dernière amabilité, nous accompagne jusqu'au marigot de Sama.

Pour nous rendre à Konakry, trois routes différentes nous étaient ouvertes ; celle que suit la ligne télégraphique qui venait d'être terminée et que venait de prendre, il y avait quelques jours, M. le gouverneur général ; la route de la Mellacorée, et enfin celle de Dubréka, la plus longue des trois. J'optais néanmoins pour cette dernière, car je désirais visiter Dubréka. Comme on le voit, les communications sont largement assurées entre notre établissement de Konakry et la capitale du Fouta-Djallon.

Le soir de notre départ de Timbo, nous arrivions au gros village de Boria, à 18 kilomètres dans le nord-ouest, où nous devions passer la nuit. L'on pourrait donner le nom de ville à Boria qui m'a paru d'une étendue supérieure à Timbo. L'on prétend que c'est à Boria qu'a été planté le premier oranger du Fouta. Il est de fait que le tronc de cet arbre splendide n'a pas moins de 1 mètre de diamètre et une ramure sous laquelle deux cents personnes pourraient aisément s'abriter. Au pied de cet oranger géant, l'on aurait inhumé un grand marabout du nom de Tierno Yssa (ce qui veut dire Jésus), qui a laissé la réputation d'un saint homme.

Le lendemain, nous suivons sur Porédaka, où fut anéantie, le 14 novembre 1896, la petite armée de Bokar Biro. Porédaka, qui signifie en langue peulh « camp du caoutchouc », est un grand village très étendu, dans lequel nous ne nous attardons pas, car nous voulons aller coucher à Foucoumba, qui était considérée, autrefois du moins, comme la ville sainte du Fouta. La mosquée de Foucoumba passe pour être la première qui ait été construite lors de la conquête du pays par les Peulhs, et, à ce titre, la tradition voulait que les almamys y fussent sacrés rois du Fouta-Djallon; je crois que les choses ont bien changé à ce point de vue.

Foucoumba sert aujourd'hui de résidence au cousin de l'almamy régnant, Alpha Ibrahima, qui nous reçoit, ma foi, fort bien. C'est un gaillard de belle stature, de figure énergique, qui m'a semblé plus civilisé que ses parents, car il possède chez lui de vraies chaises, et, ce qui n'est pas banal, un photophore qu'il s'empresse, d'ailleurs, de nous faire admirer. Je me suis convenablement extasié devant cet ustensile d'éclairage, à coup sûr remarquable dans la case d'un Peulh; mais moins sincèrement, je le déclare, que devant le gros mouton dont il venait de nous faire présent.

Nous quittons néanmoins ce brave homme le lendemain matin, nous dirigeant sur le village de Dambourïa, après avoir passé, par suite d'une erreur de notre guide, par Niogouténé, situé au pied de la grosse rivière du Téné et par Kébali.

Le soir de notre arrivée à Dambourïa du Gardier est pris d'un accès de fièvre assez sérieux qui ne le quittera plus pour ainsi dire. Tous les jours, en effet, à quatre heures de l'après-midi, notre pauvre camarade paie un tribut bien désagréable à la maladie.

Villages et marigots se succèdent sans interruption. Voici le petit hameau de Félia, à 6 kilomètres nord de Dambourïa; plus loin, un coude à passer de la capricieuse rivière du Téné; après, le village de Tinlan, celui plus important de Duiria, où nous changeons notre guide, Foulaso, que nous laissons sur notre droite, le marigot Ouri, enfin le village de Bomboli, où nous passons la nuit.

Bomboli, qui est situé à 16 kilomètres nord-ouest de Dambouria, possède deux cascades dont l'une, fort belle, porte le nom de Dankama, et l'autre, plus petite, celui de Duirndé, alimentées par les eaux du Ouri. J'ai une raison d'avoir retenu ces minces détails, car j'eus la malencontreuse idée, de concert avec Maillat, et ce n'était pas la première fois, de prendre une douche sous cette belle eau, dont la fraîcheur nous attirait. Pendant que je tendais le dos à la chute, une roche pesant une quinzaine de kilogrammes dégringolait du haut de la cascade, et, par un hasard miraculeux, s'abattait à ma gauche, me meurtrissant seulement le coude en passant : quelques centimètres de plus à droite, j'étais aplati. Mon voyage approchait de sa fin, mais j'étais guéri à tout jamais de l'envie de commettre de nouveau cette belle imprudence.

Le 9 mars nous nous arrêtions au village de Massi, au pied du mont Sérémassi. C'est là que réside Tierno Adul, roi du Massi. Au dire des gens du village le roi était parti en avant « pour faire un acte de justice ». Nous fîmes comme le roi, nous allâmes de l'avant jusqu'à Diré où nous couchons. Il n'y avait personne dans ce village, les habitants — nous raconte un vieux brave — ayant tous suivi le roi. Nous le suivons aussi en descendant la montagne Diré qui prend, à l'endroit où nous nous trouvons, le nom de Diahoquinké. Le passage est assez difficile, très escarpé, presque à pic; mais nous le franchissons quand même sans nous rompre le coup. Nous atteignons le petit village de Binti, que nous ne faisons que traverser pour monter jusqu'à un plateau d'où nous apercevons, splendidement découpés et éclairés, le mont Binti au nord-nord-est, le mont Dica au nord, celui de Dœomi au nord-ouest. Nous redescendons le versant de la montagne, moins dangereux que le précédent, mais suffisamment difficile encore.

Nous appuyons un peu vers le sud par un sentier assez facile mais rocailleux, où nous rencontrons une troupe de gens qui sont, paraît-il, les guerriers de Tierno Adul. Je me demandais ce que ces hommes pouvaient bien faire là, placés à cheval sur le Fouta-Djallon et les Rivières du Sud. Je fus bien vite fixé : ces messieurs rançonnaient simplement les voyageurs en prélevant une dîme quelconque sur tous les passants. Ils poussent l'audace jusqu'à vouloir nous empêcher de continuer notre route, sous le fallacieux prétexte que, plus loin, se tenait un grand conciliabule de rois que personne ne devait troubler. Je trouve nécessairement la prétention exorbitante, et je les somme de nous faire place. Ils refusent bel et bien; ce que voyant, je les menace de faire parler la poudre. Cela devenait grave. Un peu intimidé cependant, le chef des guerriers condescend à nous laisser poursuivre vers le lieu où s'est réunie la fameuse conférence royale; mais il ne résiste pas à l'idée de nous jouer une bonne farce, et il nous indique une direction opposée à celle où se trouvait Tierno Adul. Malheureusement pour lui ses hommes avaient laissé échapper, en causant entre eux, que le roi était au petit village de Félotiéké, que notre guide ne nous avait pas indiqué en passant, et cette supercherie met un terme à ma patience déjà fortement éprouvée par une résistance que je n'avais provoquée en rien. Une dernière sommation qui reste sans résultat, et je tombe à bras raccourcis — ou plutôt à pieds détendus — sur cette bande de malandrins qui s'enfuit en désordre dans la brousse. J'ai même le temps de cueillir le chef des guerriers qui se montrait le plus récalcitrant; je le fais amarrer solidement et conduire au village sous bonne escorte : puis j'envoie chercher le roi.

Tierno Adul arrive suivi d'une garde d'environ cent hommes. C'est un gaillard de belle taille, approchant de la quarantième année, de physionomie très intelligente et très rusée. Il nous souhaite la bienvenue en excellents termes, nous disant qu'il est à l'entière disposition des Français. Il y va, lui aussi, de sa petite histoire, nous confirmant qu'il est ici de passage pour châtier une bande de pillards qui dévalisent les dioulas suivant journellement cette route, et mettre fin à un état de choses que le bon apôtre trouve intolérable, de concert avec les rois ses voisins. Il appuie ce petit palabre d'un superbe mouton et du riz nécessaire à notre monde, et veut même y ajouter un bœuf dont je n'ai que faire.

Je laisse dire Tierno Adul qui me semble être, malgré ses belles explications, le chef autorisé des écumeurs de grands chemins que nous avions rencontrés, et je lui fais présent, sur sa demande, de deux boîtes d'excellent thé de Chine; finalement, je payais moi-même la dîme.

Puis, il nous quitte martialement à la tête de sa troupe qui défile devant notre camp, peut-être en guise de manifestation d'une force que néanmoins je ne trouve pas bien effrayante.

Presque aussitôt, nous recevons un envoyé du roi de Démocoulouma, qu'il nous dépêche pour nous souhaiter le bonjour ; il se trouve à quelques kilomètres, attendant Tierno Adul.

Le 11 mars, nous entrions dans le premier village soussou, où réside le roi Alpha Ahmadou qui nous avait expédié la veille un messager. Le village royal de Démocoulouma est admirablement situé dans une petite vallée entourée de montagnes de tous côtés, au nord-est, les monts Diafaring, à l'est, au sud et à l'ouest les monts Kirina; très étendu, il occupe toute la vallée. Si j'en juge par le grand nombre de dioulas que j'y ai vus, ce village est un centre de traite important, où les marchands nomades viennent échanger leurs marchandises contre du caoutchouc, du bétail.

La route que nous parcourons est d'ailleurs maintenant sillonnée de nombreux dioulas qui vont porter leur caoutchouc à Konakry et à Dubréka qui ne sont plus qu'à six ou sept jours de nous.

Je n'en suis même pas fâché, car l'état de santé de mon ami du Gardier ne s'améliore pas, bien au contraire, et il est complètement au pouvoir de la fièvre qui ne le quitte plus. Dans le but de lui éviter les fatigues de la route sous le soleil, je me décide à ne plus voyager que de nuit, ce qui n'offre guère d'inconvénients autres que celui de nous retarder un peu, car nous sommes, à l'heure actuelle, en pays connu et quasi-civilisé.

De très bonne heure donc, nous franchissons la grosse rivière de Councouré, le village de Solinta, le village djallonké de Coundéa, celui de Sanhia, où est installé un poste de miliciens qui assurent, au moyen de pirogues, le passage des voyageurs d'une rive à l'autre du Councouré, très large et très profond à cet endroit. Nous sommes là au point inévitable de la route principale conduisant dans l'intérieur du Fouta-Djallon, fréquentée, jour et nuit, par des théories de dioulas, ces colporteurs africains que l'on rencontre partout où il y a quelque chose à échanger. Nous passons la rivière en bon ordre et continuons sur Simenéah où nous séjournons jusque dans la nuit.

Le 17 mars nous entrions à Dubréka sans qu'aucun incident eût marqué les quelques étapes qui nous restaient à faire. Cependant, la veille, en passant le Badi, un affluent du Councouré, et au moment où nos chevaux regagnaient la rive opposée, à la nage, un répugnant caïman faillit happer nos pauvres bêtes; le bruit du coup de feu que je tirai heureusement à temps réussit à l'éloigner. Je remarquai également qu'à partir du Badi, la route — une vraie route — était splendide, large de 6 mètres, pourvue de ses ouvrages d'art, et notamment de deux belles passerelles en fer, jetées sur deux grands marigots par le service des ponts et chaussées de Konakry.

Je n'aurais pas voulu achever mon voyage sans voir Dubréka, qui est une jolie petite ville maritime, ou, pour parler plus exactement, un gros village cosmopolite, dont la population n'est pas inférieure à 2,000 habitants. C'est évidemment le plus grand centre de traite de la région, où tous les dioulas viennent s'approvisionner. Neuf factoreries françaises et anglaises constituent le noyau principal des constructions de la ville; elles sont élevées sur le bord de la rivière; les bâtiments ont été, il m'a semblé, très bien compris et sont à un étage, ce qui en rend l'occupation plus saine pour les Européens, soumis aux influences palustres des marigots entourant Dubréka et qui dessèchent pendant la saison chaude. Les rues sont pleines d'animation, encombrées par des boutiques ambulantes où les indigènes vendent à peu près de tout.

L'agriculture est évidemment délaissée par les gens du pays qui ne cultivent et ne récoltent que ce qui est nécessaire à leur consommation, c'est-à-dire du riz et du mil. Ils préfèrent s'adonner à la traite avec laquelle ils ne courent aucun risque de bonne ou de mauvaise récolte. Depuis que M. de Beeckman, en 1891, a fait rouvrir les routes du Caniah, qui avaient été fermées aux caravanes par les chefs de cette région, les transactions commerciales ont acquis une extension considérable à laquelle les indigènes ont pris une part active, en alimentant le marché de caoutchouc, de cuirs, d'amandes de palmier, de gomme copal et d'huile de palme qui sont les principaux produits constituant le commerce dans la région.

A Dubréka, nous avons été reçus de la façon la plus cordiale et la plus empressée par la Compagnie française. Mais je me suis trouvé dans l'obligation d'abréger mon voyage en gagnant Konakry par mer, l'état de santé de du Gardier s'étant aggravé d'une manière inquiétante.

Le 18 mars, à huit heures du matin, je m'embarquais avec mon compagnon, dans le canot de la douane, mis gracieusement à ma disposition, pendant qu'à la même heure, ma petite colonne poursuivait, par terre, sa route sur Konakry, où elle nous rejoignait sans encombre le 20 mars.

A Konakry, point terminus de mon voyage, il ne nous restait plus qu'à attendre le paquebot qui devait nous ramener en sens inverse à notre point de départ : Dakar.

Mon expédition avait duré quatre mois, pendant lesquels j'ai pu connaître un peu, étudier et apprécier des contrées qui assurément n'étaient pas jusqu'à ce moment inexplorées, mais qui — quelques-unes d'entre elles tout au moins — n'avaient jamais vu d'Européens, et qu'il est désirable de voir souvent visitées par ceux qui s'intéressent sérieusement au développement de l'influence française sur la côte occidentale d'Afrique.

J'ai emporté cette conviction qu'au point de vue commercial la supériorité de la Guinée française et du Fouta-Djallon sur le Sénégal est certaine. Au Sénégal, l'arachide est, en somme, le seul produit qui soit l'objet d'un commerce un peu actif, alimentant les affaires des maisons qui y sont établies depuis longtemps. Au Fouta, le bétail, le caoutchouc; dans la Guinée, l'huile de palme, les gommes peuvent et doivent recevoir une extension presque indéfinie.

Au point de vue même de la civilisation la Guinée française est autrement avancée que le Sénégal. A 200 kilomètres de Konakry, il n'est pas rare de trouver des chaises, des fauteuils, des canapés, de la poterie, des faïences, etc.; les cases vastes et spacieuses manquent, peut-être parfois de propreté, mais elles portent des traces de confort, sont fermées par des portes, comportent des aménagements où se révèlent certaines industries, etc. Les Soussous, malgré le renom de paresse que nous donnons volontiers à tous les noirs, sont travailleurs, s'assimilent très facilement ce qu'ils voient ce qu'on leur enseigne, ce qu'ils entendent; ils apprennent aisément le français ou l'anglais.

Ces qualités, bien que développées à un moindre degré, se retrouvent chez les Diarankés et les Peulhs du Fouta-Djallon.

Dans notre vieille colonie du Sénégal, où notre domination s'exerce depuis près de trois siècles, à Dakar, à quelques kilomètres de Saint-Louis, les orgueilleux, et franchement paresseux Ouolofs habitent encore aujourd'hui d'infectes paillottes et mangent à la calebasse primitive; les nombreuses peuplades du Sénégal, maures, ouolofs ou toucouleurs, parlent obstinément l'arabe ou leurs dialectes informes, et ne se donnent pas la peine d'apprendre une langue européenne.

En résumé, mon rôle, au cours de ces quatre mois a été d'étudier le plus consciencieusement possible les mœurs, les aptitudes, les besoins des populations avec lesquelles je me suis trouvé en contact, et, dans le nombre, les Coniaguis-Bassaris chez qui je suis passé le premier. J'ai cherché à me rendre compte des avantages que nous pouvons avoir à développer nos relations commerciales avec les pays soumis à notre domination ou à notre protectorat, et je suis arrivé, tout au moins, à ce résultat qu'il me paraîtrait maintenant bien difficile de me désintéresser de ces questions, en attendant le jour — prochain peut-être — où je céderai à l'irrésistible attrait d'y prendre à nouveau une part personnelle et active.

FIN

TABLE DES MATIÈRES

PAGES

Introduction 7
De Dakar à Amdallaye.......................... 11
De Amdallaye à Timbo.......................... 31
De Timbo à Konakry............................ 113

Paris. — Imp. Paul Lemaire, 14, rue Séguier.

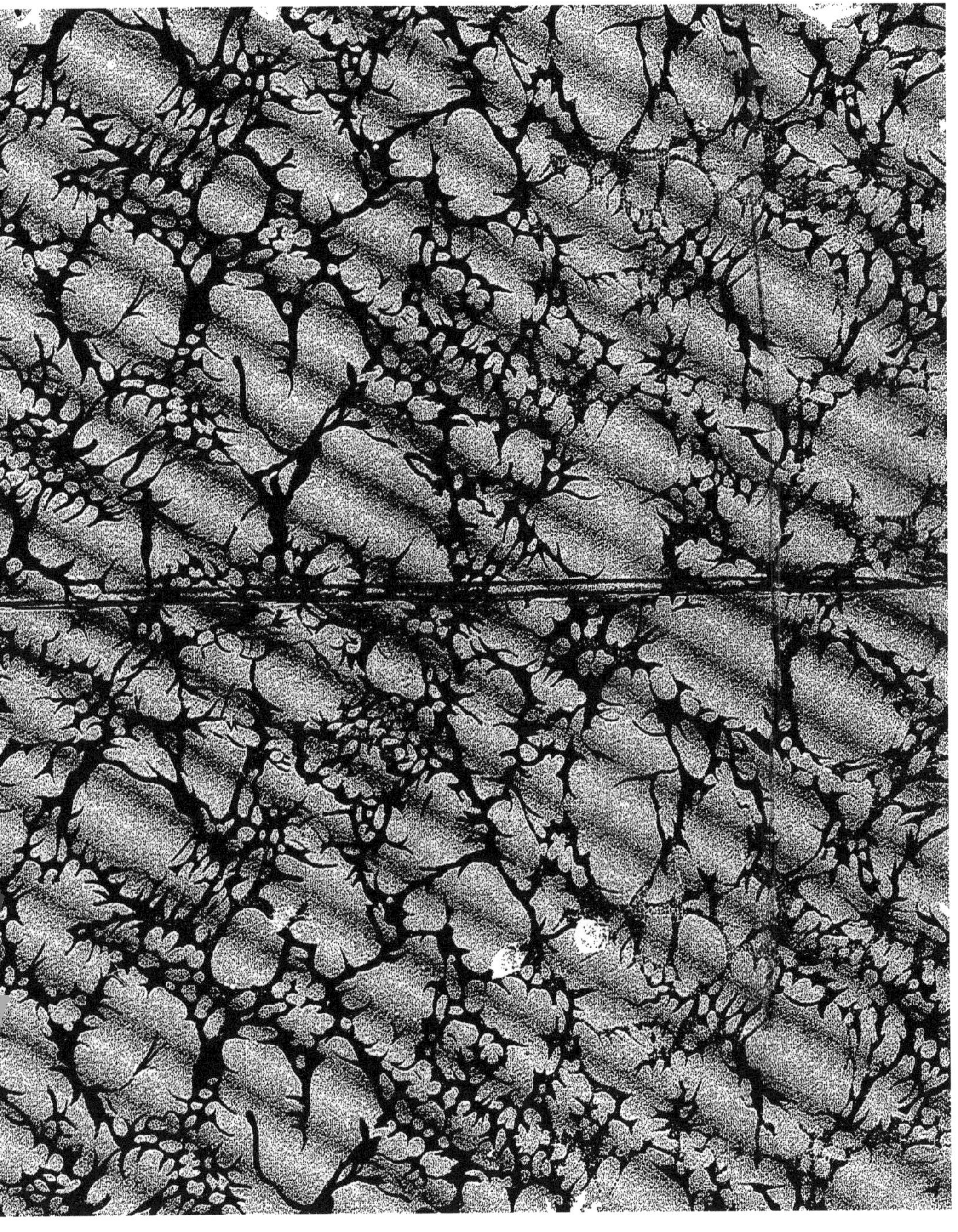

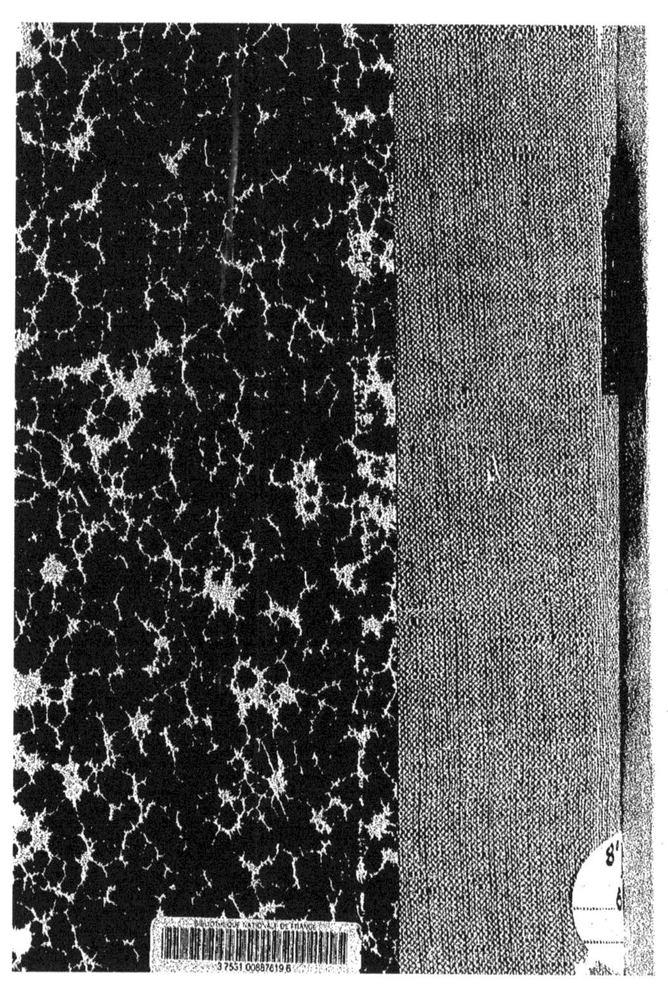

www.ingramcontent.com/pod-product-compliance
Ingram Content Group UK Ltd.
Pitfield, Milton Keynes, MK11 3LW, UK
UKHW022109190726
13855UKWH00002B/750